ポートランド

——世界で一番住みたい街をつくる

Portland

山崎満広

学芸出版社

はじめに——僕がポートランドを選んだ理由

初めてポートランドを訪れたのは2005年。全米の公共電力・ガス会社が集うカンファレンスに参加するためだった。2日間の会議中、屋内に缶詰で、外に出たのは空港とホテルの移動だけだったので、残念ながら街の印象があまりない。当時の僕は、ただ日々の仕事に熱中して、ゆっくり街を歩くゆとりがなかったようだ。

その後、2008年にワシントン州南部のカウリッツ郡政府の要請で、10年後を見据えた経済開発構想を立てるプロジェクトにコンサルタントとして関わり、新しい工業団地の用地選定や産業誘致の戦略づくりを担当した。ポートランドから北に約1時間のところにあるこの郡には空港がないため、毎回ポートランド空港を使った。2回目の出張のとき、仕事が思ったより早く切り上げられたので、翌日の午後の便で帰る前に同僚と一緒にポートランドの街を見に行くことにした。翌朝、早起きしてまだ暗いうちに田舎町のホテルを後にした。久しぶりのポートランドに胸が躍った。

空港からライトレール（新型路面電車）に乗ると、朝焼けのフッド山を見ながら30分ほどでダウンタウンに着く。郊外の豊かな自然環境と洗練されたダウンタウンに驚いた。洒落たショップが並び、カジュアルだけどセンスのいい人たちがオープンカフェで寛いでいた。街を歩き回っていると、いろんな人に出くわした。学生らしき若者、派手な格好をしたアーティスト風のおじさん、アジア人のビジネスマン、ドラッグクイーン、ホームレス。でも皆が街に普通に溶け込んでいた。

ここに住めば車はいらないかもしれない。街の人々は自転車や公共交通機関をうまく使いこなし、車を使わない人たちが何千人もいるという。それまでアメリカに17年住んできたが、そういう街に出会ったことがなかった。

僕は、南ミシシッピ大学大学院時代に大手電力会社の経済開発部でインターンとして働き始め、2001年の9・11の直後からミシシッピ州の建設会社で通訳兼営業コーディネーターとして勤務した後、2004年にテキサス州のサンアントニオ経済開発財団に転職し、2008年からは経済開発コンサルタントとしてアメリカ各地の政府機関に再生可能エネルギー開発を盛り込んだ経済政策を説いて回っていた。ちょうど2008年のリーマンショックの頃から、経済成長と地球環境の保全の両立について真剣に考えはじめ、自分が理想とするサステイナブルな生活と現実との大きなギャップに疑問を感じるようになった。

当時住んでいたサンアントニオ市は全米7番目の都市で、郊外化が進んで街は大きく、家からダウンタウンまで車で30分、混んでいると1時間近くかかった。ちょっとした買い物や人に会うにも車で片道20〜30分かかるのは当たり前で、1日のうち車のなかで過ごす時間がとても長かった。1週間に一度ガソリンを満タンにする必要があり、車のメンテナンスも結構な負担だった。電車は走っておらず、バスの運行頻度は少なく各ラインの連携がよくないため、利用者は経済的な理由で車を持てない者がほとんどだった。

一方、ポートランドのパール地区には、おしゃれなブティックやカフェ、レストランが徒歩で行ける距離に点在し、ダウンタウンが一望できるワシントンパークへは徒歩15分。ダウンタウンを流れるウィラメット川の対岸へ自転車で10分も走れば、ネイバーフッド（近隣地区）ごとに個性的なレストランやバー、小売店などに出くわす。街中にZipcarやcar2goといったカーシェアリングの車が点在しているので、どうしても車が必要なときは、必要な時間だけ借りればいい。これが可能なネイバーフッドがアメリカにいくつあるだろうか？

僕は、この街に住むことに決めた。

早速、今までの学歴や職歴を活かせる経済開発の仕事を求人サイトで探したが、簡単には見つからず、とりあえず最新の履歴書を各サイトにアップロードしてしばらく待つことにした。もちろん待っている間も普段の仕事を続け、毎週のように出張で国内外の街を訪れるたびに、ポートランドへの憧れはますます強くなっていった。

２０１１年の秋、アップロードした履歴書のことなどすっかり忘れていた頃、ワシントンＤＣにある国際経済開発協議会（ＩＥＤＣ）に勤める知人から僕にピッタリの仕事があるとメールが届いた。早速メールに添付されたリンクを開くと、Portland Development Commission（ＰＤＣ）の Business & Industry Manager, Clean Technology の職務内容が載っていた。ポートランド市開発局のビジネス・

産業開発マネージャーの職で、職務内容は市の国際事業開発とクリーンテクノロジー産業振興の戦略づくりと実行のマネジメント、州政府や都市圏内の関係機関との連携など。上司は経済開発部長。部下3名。確かに当時の自分にはピッタリの仕事に思えた。僕は早速、履歴書のコピーを送った。

2週間後、書類選考を通過したことを知らせるメールが届き、さらに電話面接に臨んだが、手ごたえはなく、もうダメかなと思いはじめた頃、2年前から苦労して進めてきた再生可能エネルギーのプロジェクトの一つが大きく進展した。それは、地元サンアントニオの電力会社CPS Energyが発電源を再生可能エネルギーに転換するにあたり、100メガワットのメガソーラーの開発と並行してソーラーパネルの製造工場を誘致するというビッグプロジェクトだった。誘致する企業を世界中から募り、交渉を続けること数カ月、僕がそろそろPDCへの転職を諦めかけた頃に、CPS Energyがメガソーラーの開発パートナーとして韓国のOCI Solar Powerを選定し、アトランタにあったOCIアメリカ本社をサンアントニオに誘致して大規模な製造工場を建設することを発表したのである。

PDCから最終面接のためにポートランドに来て欲しいという連絡があったのは2012年1月中旬、ちょうどCPS Energyとの向こう1年間のコンサルティング業務の契約更新の交渉を始めたときだった。そして、CPS Energyとの契約更新の前日、僕はポートランド市開発局の仕事を勝ち取った。

Portland

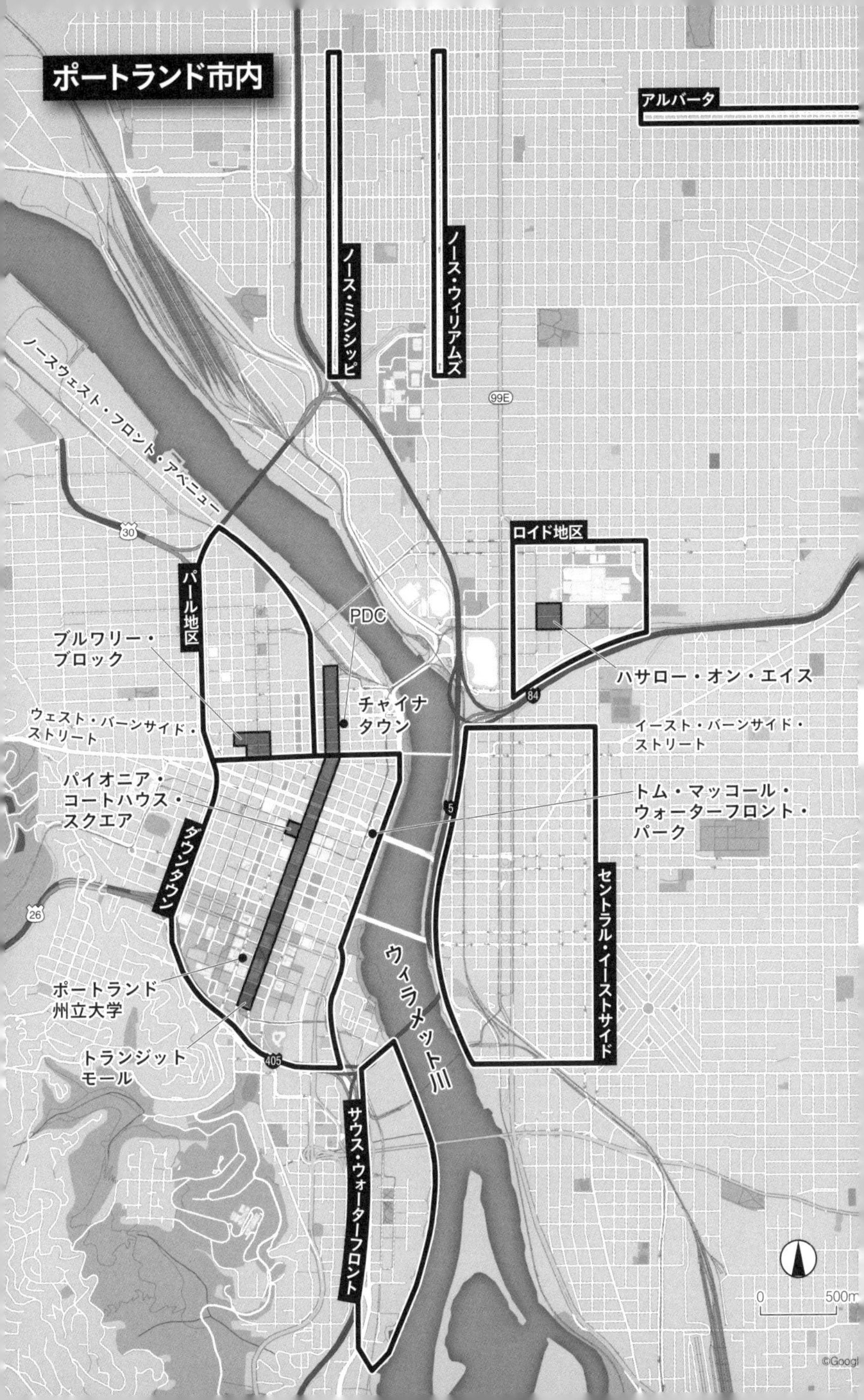
ポートランド市内
アルバータ
ノース・ミシシッピ
ノース・ウィリアムズ
99E
ノースウェスト・フロント・アベニュー
30
ロイド地区
パール地区
PDC
ブルワリー・
ブロック
ハサロー・オン・エイス
84
チャイナ
タウン
ウェスト・バーンサイド・
ストリート
イースト・バーンサイド・
ストリート
パイオニア・
コートハウス・
スクエア
トム・マッコール・
ウォーターフロント・
パーク
5
ダウンタウン
セントラル・イーストサイド
26
ウィラメット川
ポートランド
州立大学
トランジット
モール
405
サウス・ウォーターフロント
0
500m
©Googl

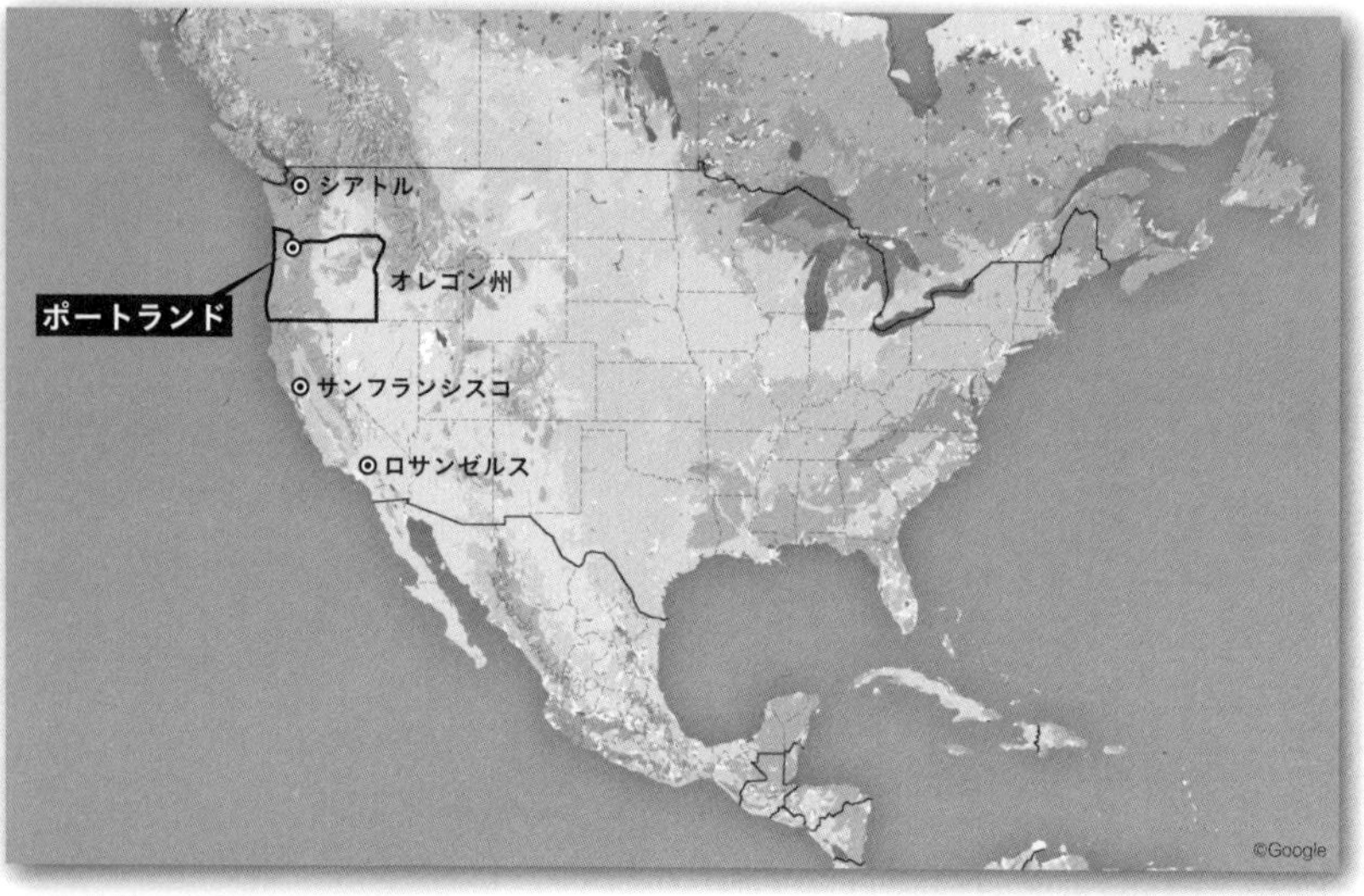
シアトル
オレゴン州
ポートランド
サンフランシスコ
ロサンゼルス
©Google

ポートランド都市圏

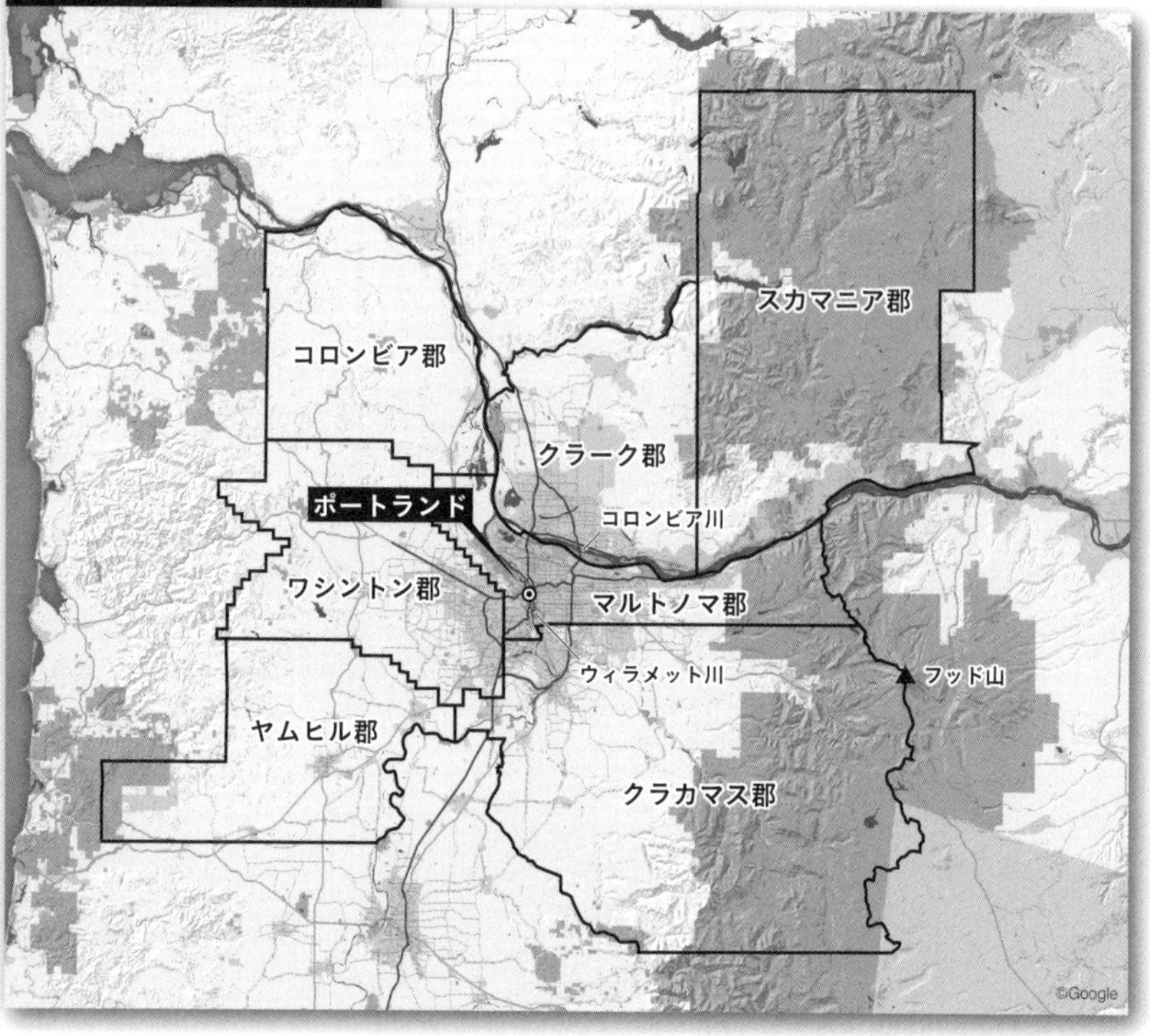
スカマニア郡
コロンビア郡
クラーク郡
ポートランド
コロンビア川
ワシントン郡
マルトノマ郡
ウィラメット川
フッド山
ヤムヒル郡
クラカマス郡
©Google

Portland

1章

なぜ、ポートランドが注目されるのか

① サステイナブルで小さくあることを選んだ街

ポートランドはアメリカ西海岸のオレゴン州の北西部、シアトルとサンフランシスコの間に位置する。市内の人口は約62万人で、千葉県船橋市や鹿児島市とほぼ同じ規模だ。ポートランドのダウンタウンは太平洋から東に約110キロにあり、オレゴン海岸山脈とカスケード山脈に挟まれたウィラメットバレーの北部にある。中心部の西側にあるウェストヒルズ（標高327メートル）からは80キロ東のオレゴン富士と呼ばれるフッド山（標高3426メートル）の頂と緑豊かなポートランドの街並みが一望できる。市の北部ではウィラメット川とコロンビア川が合流し、ポートランドは古くから港町として栄えてきた。周辺都市を含む人口は235万人で、全米24位の都市圏人口を誇る。

1851年に市を設立する際に、地元の大地主2人がペニー（1セント硬貨）をコイントスして勝った方の故郷の名前に決めたそうだ。そのときの勝者フランシス・ペティグローブ氏の故郷がメイン州のポートランド市だったためにこの名がついたという。ちなみにコイントスで負けたエイサ・ラブジョイ氏はボストン出身だった。

アメリカではリーマンショック以来長引く不景気のなかで、ポートランドが注目されはじめた。

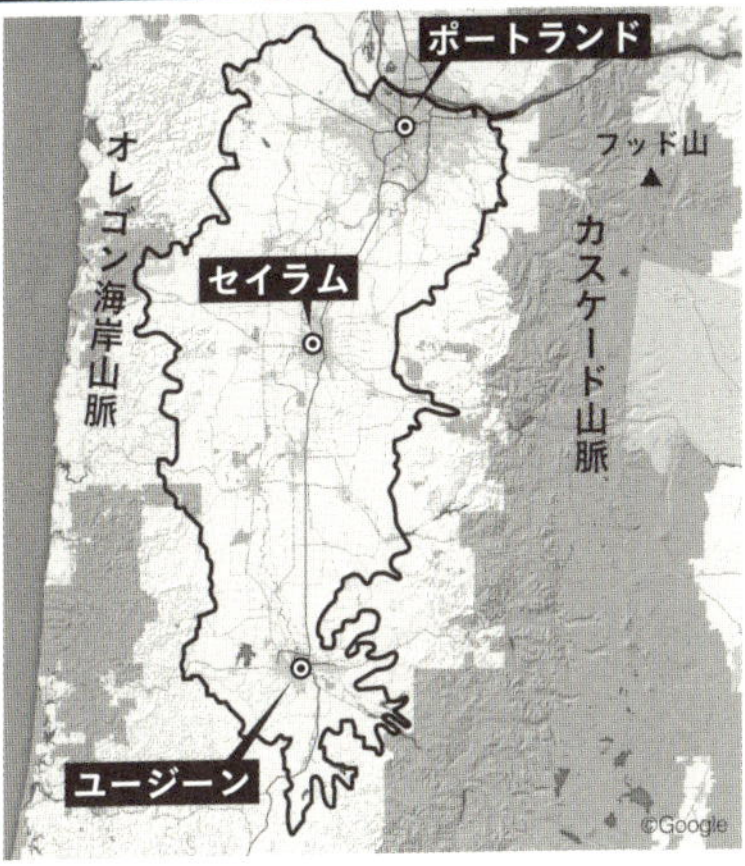

上／ウェストヒルズから見たフッド山とポートランドの街並み
下／ウィラメットバレー

不景気になり街中がスラム化したデトロイトと比較すると、ポートランドはそれほど不景気の影響を受けなかった。この二つの街は対照的だ。デトロイトは自動車とともに発展した街、ポートランドは自動車交通を抑制した「時代錯誤」の街。

ポートランドは、サステイナブルな生活をベンチマークとしている都市（サンフランシスコ、シアトル、ボストンなど）のなかでも一番規模が小さい。しかし単に街が小さいのではなく、街を小さく保とうとする政策を推進してきたことが、ほかの都市にはない特徴だ。それでいて、同じ規模のほかの都市より都会的なダウンタウンがある。交通インフラが整い、環境にやさしい建物、歩いて楽しい街路が人々を引きつける。この地に引きつけられた人々が生みだすカルチャーは、いつしか世界中の人々の注目を集めるようになった。

2 リベラルでカジュアルなパシフィック・ノースウェストの文化

僕はコンサルタントとして全米各地を飛び回ってきたが、ほかの都市に比べて、ポートランドは街の規模は小さいのに、文化のレベルは高い。そこにはウェストコーストのリベラルな文化がベースとしてあるのだろう。西部開拓時代の来る者は拒まないという気風が残っていて、必要な物は自分たちでつくり暮らしてきた。

ポートランドの自由で創造的な気質は街のいたる所で見られる。まずダウンタウン中に点在する100以上のパブリックアート。アートギャラリーも数十軒あり、毎月第一木曜日の夜に行われるアートの祭典「ファーストサーズデイ」には、1万人以上の人々がワインやビールを片手にアーティストの新作の披露や対話を楽しむ。地元のアーティストだけでなく、州外や海外のアーティストも個展を開くために集まる。

ファッションも個性的で多彩な表現を楽しむ人々が多い。ニューヨークやパリのようなハイエンドで洗練されたファッションではなく、あくまでもカジュアル。着心地と利便性を追求するアウトドアファッションやヴィンテージの古着など思い思いのファッションを身にまとった人々がポートランドの街に溶け込んでいる。

また、ポートランドはインディーズ音楽のメッカでもある。街なかにライブハウスやバー、クラブなどが点在し、ジャンルを超えて生演奏が聴ける場所が数十カ所あり、数千人いるといわれる地元のミュージシャンがしのぎを削る。また、有名・無名にかかわらず自分たちの好きなミュージシャンを応援する観客のノリが気に入って、全米からインディーズバンドが集まり、いつの間にか住みつくミュージシャンも多い。今では有名になったThe DecemberistsやThe Shinsなども例外ではなく、多くのインディーズバンドはほかの街である程度知名度を上げてから、ポートランドの居心

上／街なかのパブリックアート
下／毎月第一木曜日の夜に開催される
アートの祭典ファーストサーズデイ

上／よく見かける多彩なタトゥーもアートのように街に溶け込んでいる
下／市内には600軒のフードカートが点在する

地のよさに魅了され移住してきたのだ。

フードカートブームを引き起こしたのもポートランドだ。フードカートとは、駐車場や歩道などの空いたスペースに車を改造したキッチンカーで店を出す屋台で、車内で調理したての料理をテイクアウトで購入できる。今では市内に約600軒のフードカートが点在し、ハンバーガーやサンドイッチから、中華、イタリアン、ラーメンやたこ焼きまで、世界中のストリートグルメが楽しめる。もともとは、1980年代にポートランド州立大学周辺の公園で学生をターゲットに出した屋台が当たって、市内各地にフードカートポッド（屋台村）が出現しはじめたのがブームの始まりとか。最近ではリーマンショック後の不景気で仕事にあぶれた若者が、未来のレストランを目指して起業することもある。実際市内にある有名レストランのいくつかはフードカートから始まり、成功して店を構えるようになった。なかには「PB & J Grill」（ピーナッツバター、ジャムを塗ったパンにスパイスの効いた海老や肉類とチーズを挟んでグリルしたサンドイッチ）のような世界でここにしかない珍しい食べ物もあり、地元住民の人気を集めている。これも常に新しいテイストを求めるポートランドならでは。

交通手段も自由に選べる。人口60万人の中堅地方都市でありながら、ライトレール（新型路面電車）、バスといった公共交通がしっかり整備されており、500キロにも及ぶ自転車専用レーンが敷かれ、電車やバスに自由に自転車を積み込める。アメリカのほかの中堅都市では、一般的にあまり公共交通機関が発達していないために車中心の社会で、公共交通は車を持てない人がしぶしぶ乗っている

というイメージが強い。それに比べ、ポートランドの公共交通は多様な人々が数多く利用し、公共交通網は拡張し続けている（3章参照）。街なかではスケボーや一輪車などで移動する市民もよく見かける。

3 ポートランドをつくる人々

先進的な都市では珍しく、ポートランドは白人マジョリティの社会だ。これは、過去に造船業以外で目立った産業がなく、外から就労者を呼び込める職がなかったという街の歴史と関係している。ポートランドは東海岸より200年遅れて開拓者たちが開いた土地で、欧州のカトリック教徒から迫害を受けてアメリカへ渡ってきたプロテスタントが築いたエスタブリッシュメントな社会に合わなかった人たちが自由を求め、一攫千金を夢見てつくった街なのだ。

またゲイの人たちが多く、彼らに対する周囲の理解もある。そういうリベラルさは北欧系の移民が多いせいでもある。プロテスタントよりもリベラルな宗派であるルーテル教会が多く、カトリックの厳格さから逃れたルーテル教会系の大学などでは、教授もゲイだったり、授業の内容もとてもリベラル。そういうリベラルアーツ・カレッジがポートランドにはいくつもあって、百何十年にわ

毎週土曜日に開かれるポートランド州立大学のファーマーズマーケット

オーガニックフードのレストラン
Wolf & Bear's

たって学生を育て、社会に影響を与えてきた。

また、ポートランドはヒッピー文化発祥の地サンフランシスコ（カリフォルニア州）近郊にあり、カウンターカルチャー・ムーブメントの生みの親として知られる小説家ケン・キージーが幼少から青年期をオレゴン州スプリングフィールドで過ごすなど、1960～70年代のヒッピー文化・カウンターカルチャーの影響も強く残っている。

実は西海岸のファーマーズマーケット、オーガニックフード・ムーブメント、クラフトマーケットやミュージックフェアなどの背景にあるのもヒッピー文化だ。コミューン暮らしのヒッピーたちは地産地消や自然環境の保全、資源の節約に積極的で、今日のウェストコースト文化、そしてポートランダー（ポートランドの住人）の原型をつくった。ヒッピー文化の最盛期から50年経った今でも、ポートランドにはこの気質が色濃く残っている。新たなクラフトメイカーのブランドが立ち上がり、毎週末のサタデーマーケットでは数百人のアーティストが自作のアートを披露し、地産地消のレストランやファーマーズマーケットが市内のあちこちで賑わう。

ヒッピーと北欧の移民による他者を排除しないリベラルな気質を持つ人たちは、ポートランドだけでなく、近郊のシアトル（ワシントン州）やバンクーバー（カナダ）にも多い。彼らが築いたのがパシフィック・ノースウェストの文化である。南はオレゴン州から北はカナダのブリティッシュ・コロンビア州までが一つの文化風土を形成している。

高性能の木製自転車ブランド
Renovo Hardwood Bicycles

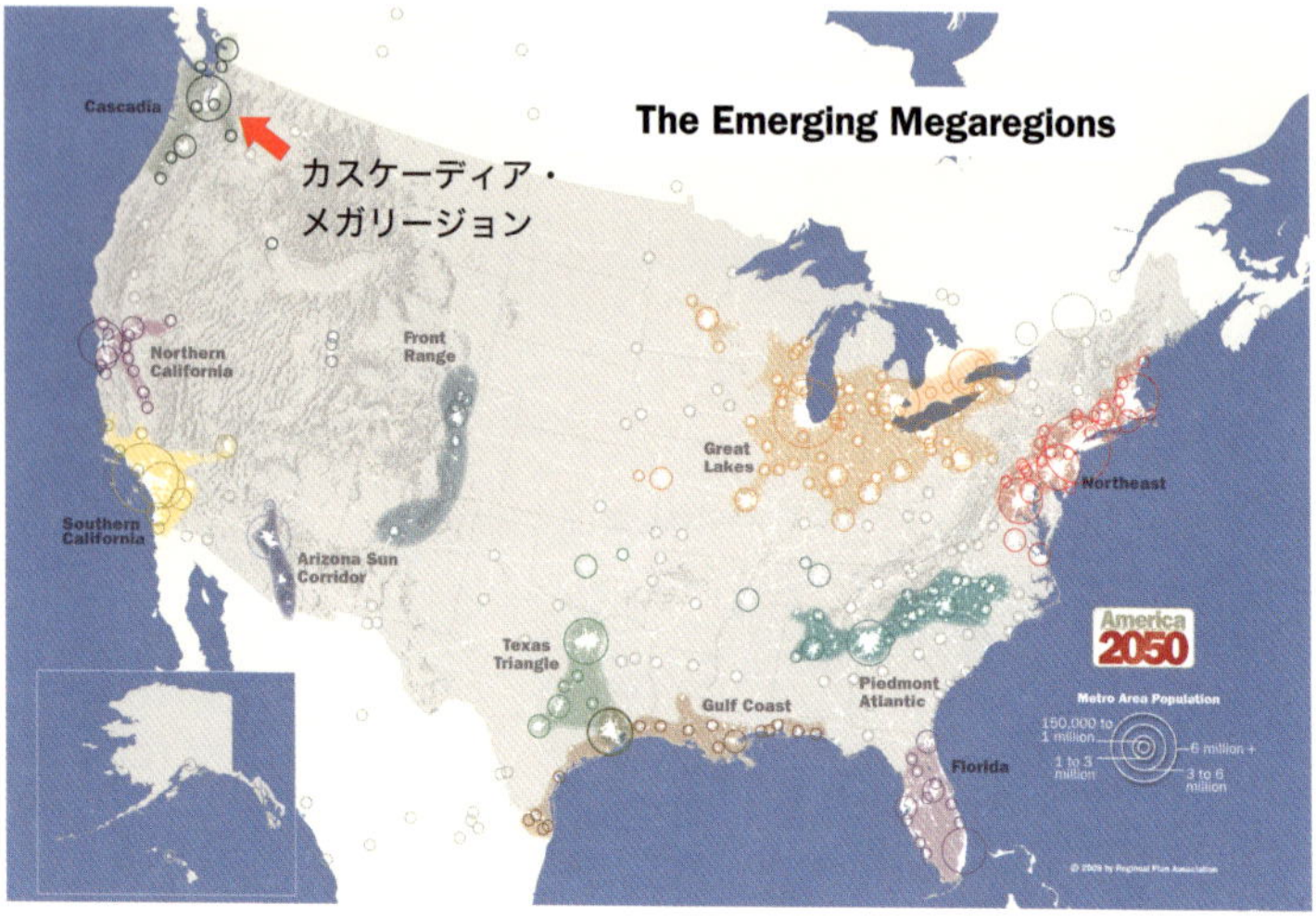

ポートランドが属するカスケーディア・メガリージョンはアメリカの経済発展地帯上位 10 の一つ

トロント大学のリチャード・フロリダ教授が提唱する「メガリージョン」という区分によると、ポートランドは「カスケーディア・メガリージョン」の一部で、その名の通りアメリカ北西部を縦断するカスケード山脈を中心としたパシフィック・ノースウェスト地域に属する。山脈を中心として自然環境に恵まれたパシフィック・ノースウェストには、バンクーバー、シアトル、そしてポートランドといった環境先進都市が名を連ねている。

この開放的な文化について、フロリダ教授は『クリエイティブ都市論』（ダイヤモンド社、2009年）のなかで、ゲイやボヘミアンなどのさまざまな個性を受け入れる寛容性の高いコミュニティには、クリエイティビティに満ちた開放的な文化が育まれ、イノベーティブな企業が生まれると述べている。そして、そのなかの代表例としてポートランドをたびたび取り上げている。

④ 注目の都市再生エリア

僕が勤務するポートランド市開発局（PDC、5章参照）は1958年の設立以来、25のエリアで都市再生事業を行ってきた。50年代後半から60年代に実行された最初の四つの都市再生事業（アルバイナ・ネイバーフッド地区、ポートランド州立大学地区、エマニュエル病院地区、モデル・シティ近隣地区）はすべて連邦政府から資金が出たものである。そのほかに60年代から70年代に完結した3地区（サウス・オーディトリウム、ノースウェスト・フロント・アヴェニュー、セント・ジョンズ）と現在進行中の11地区、そして2009年より始まったネイバーフッド・プロスパリティ・イニシアチブ（NPI、5章参照）に含まれる8区があり、それらの開発資金はTIF（5章参照）を活用している。

32頁の地図でもわかる通り、PDC設立当初の再生事業はダウンタウンとその周辺地域に集中し、後に郊外へと移っていった。2000年代以降は予算の縮小もあり、NPIは小規模な近隣地区単位での商業や雇用の活性化と自治活動の支援へと変わっていった。

ここで、いくつかの都市再生地区の特徴を紹介する。

ダウンタウン

ダウンタウンはポートランドの顔であり、都市圏全体のシンボルでもある。コンパクトで歩きやすく、美味しいレストランやフードカート、アートギャラリーや美術館、そして買い物をするのも小さな地元のブティックから大型デパートまで何でも揃っている。少し歩けばすぐに公園や緑地があるのも魅力の一つ。市内のバスやライトレールのほとんどが5番街と6番街のトランジットモールを通るので、アクセスも抜群である。

セントラル・イーストサイド

ダウンタウンからウィラメット川を渡れば、セントラル・イーストサイドの倉庫街。対岸とはまるで別世界で、貨物列車が今でも行き来するこの地区に、実はメインストリームを避けるようにして多くのクリエイティブなメイカーやプログラマー、そして最先端のレストランやマイクロ・ブルワリーが潜んでいる。

パール

アメリカで最も成功した都市再生地区の一つとして世界から注目されているパール。もとは貨物列車の操車基地で、NW 13 番街には今でもその頃の面影を残す。建ち並ぶ倉庫にはスタイリッシュなカフェやレストラン、ブティックなどが入居し、新旧の建物のコントラストを楽しめる。

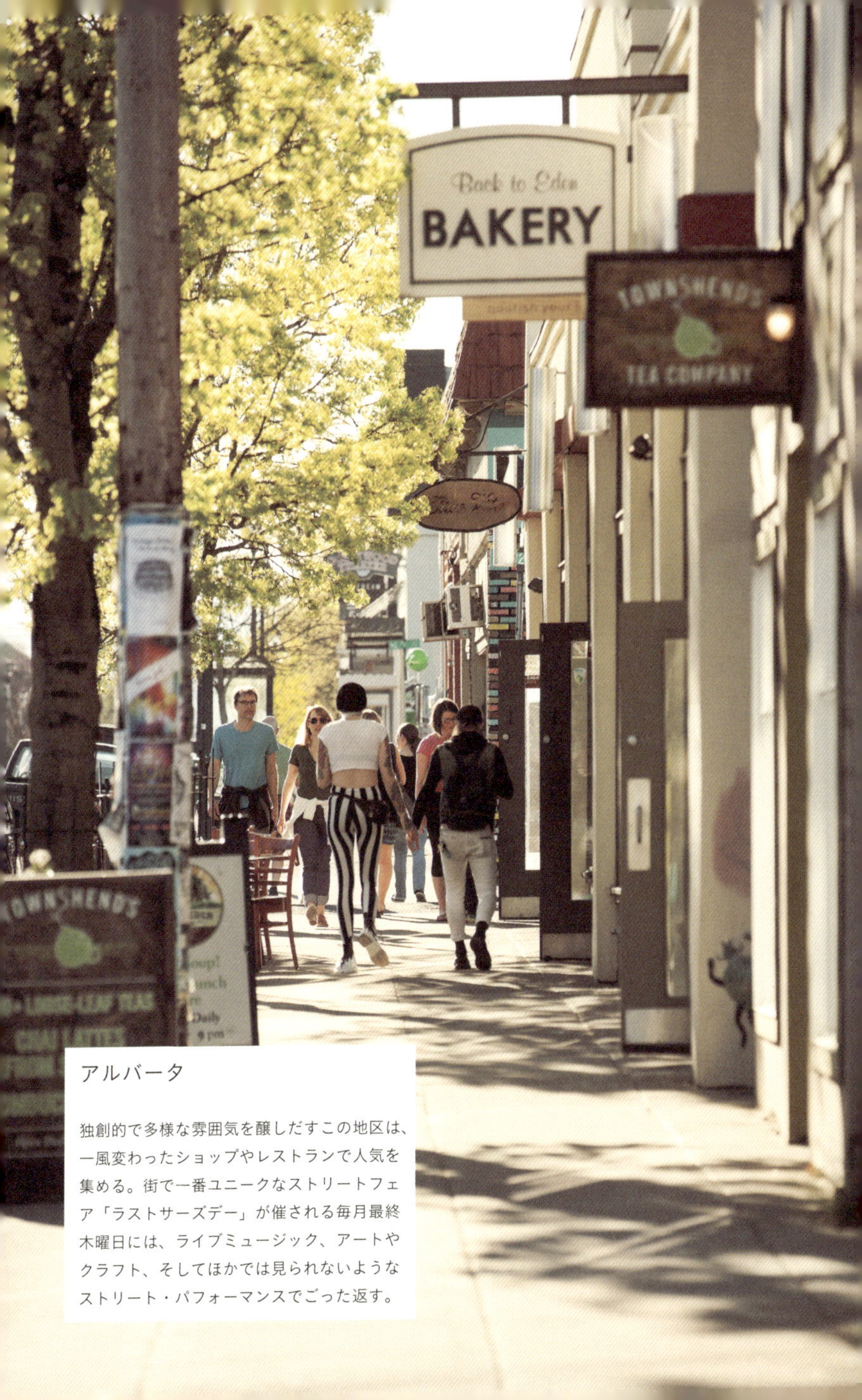

アルバータ

独創的で多様な雰囲気を醸しだすこの地区は、一風変わったショップやレストランで人気を集める。街で一番ユニークなストリートフェア「ラストサーズデー」が催される毎月最終木曜日には、ライブミュージック、アートやクラフト、そしてほかでは見られないようなストリート・パフォーマンスでごった返す。

ノース・ミシシッピ
ノース・ウィリアムズ

ダウンタウンにはない、地元のこだわりレストランやショップが集まりここ数年盛り上がっているのが、この地区だ。PDC が 2000 年から再生事業を行ってきて、2004 年には連邦政府、トライメット（3 章参照）と PDC のパートナーシップにより、マックス（ライトレール）のイエローラインが開通。今ではアルバータに次ぐホットなエリアに変身し、毎月のように新しいお店がオープンしている。

ロイド

ダウンタウンやパール地区からライトレールで数分で来れるとても便利な立地にあるロイド地区は、NBA(プロバスケットボール)のトレイル・ブレイザーズのホームであるモーダセンターをはじめ、アイスホッケー、コンサートやコンベンションに大勢の人が集まる多目的地域。「ハサロー・オン・エイス」(2章参照)などの新たな都市開発事業で職・遊・住・商が一体となった街に変わりつつある。

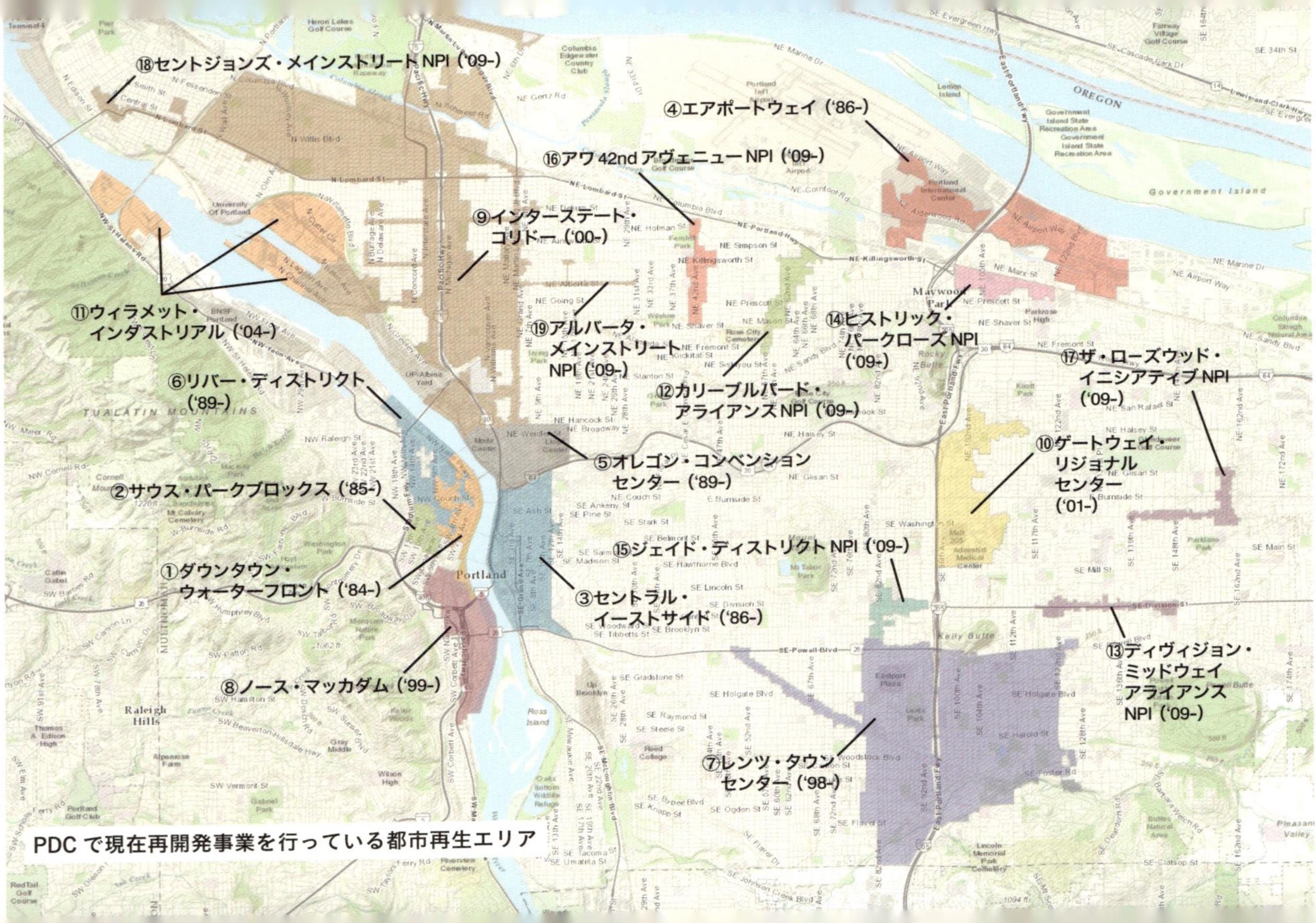

PDC で現在再開発事業を行っている都市再生エリア

5 オレゴンの精神

今日のポートランダーはライフスタイル重視の人が圧倒的に多い。それは先祖代々オレゴンに住んでいる人も、僕のように最近引っ越してきた人も同じである。自然を愛し、多少不便であっても環境にやさしいサステイナブルな生活をするためならと、車に乗らず、なるべく歩き、自転車やバス・電車を使う。家は自分で手直しし、買い物は少し値が張ってもなるべく地元で獲れた野菜や果物、そして地域の企業がつくった製品を買う。物よりも体験を重視し、エンターテイメントよりも教育にお金をかける。個人が見栄を張って競いあうのではなく、自分たちのコミュニティをよりよくするためにネイバー（隣人）と一緒に考える。そして皆、ポートランドの地元文化を誇りに思い、こよなく愛している。

以前、メトロ政府（ポートランド都市圏を管轄する広域行政体、3章参照）の代表、トム・ヒューズ氏にポートランドの文化について話を聞いたとき、オレゴンの古い言い伝えを教えてくれた。

1800年代の初め頃、探検家や毛皮商人がオレゴンカントリー（現在のカナダのブリティッシュ・コロンビア州の一部、アメリカのオレゴン州、ワシントン州、アイダホ州全域とモンタナ州、ワイオミング州の一部からなる）に出入りするようになってからしばらく経って、ミズーリ州からオレゴントレイル（西部開拓時代に開拓者たちが通った主要道の一つ）を使って幌馬車に乗った数万人の移民が西部の開拓地を目指してやってきた。彼らは無償の土地（320エーカー＝130ヘクタール）を手に入れるために6カ月もの間旅をしたわけである。

オレゴントレイルは途中で二手に分かれた。一方は北のオレゴンの農地に向かい、もう一方は南のカリフォルニアの金鉱地へ向かう。言い伝えでは、この分岐点には標識が二つ立っていて、一つの標識には南向きの矢印に金塊の山の絵が描かれてあり、もう一つの標識には北向きの矢印に「OREGON」という文字が書かれていたという。旅人のなかで字を読めた者はオレゴンに向かった。

もちろん、この昔話はオレゴンの人間がカリフォルニアを馬鹿にした一種のジョークだが、オレゴンの人々のことを物質的な豊かさよりも精神的な充足感を求める知的な人々として描写している。オレゴンに辿り着いた開拓者たちは、自分たちの自立した社会をつくるために自由を求めた。そして、オレゴンの土地と気候は彼らの夢をサポートしてくれたわけだ。

Portland

2章

徒歩20分圏コミュニティをデザインする

① 歩きたくなるストリートで街が賑わう

20分圏コミュニティのライフスタイル

街の中心部は、通りをたくさんの人々が行き交うことで賑わいが生まれる。アメリカのような車社会でも、歩くことが楽しい通り、歩きたくなる通りは人気が集まり、そこに住みたいという評価も高まる。人が歩きたくなる街は、徒歩や自転車でおよそ20分圏内の区画で考える。人はそれ以上の距離は歩きたくないし、それ以下の距離だとつまらなく感じるからだ。これを僕らは「Twenty-minute community（20分圏コミュニティ）」と呼んでいる。

車を使わず、徒歩や自転車、またはバスやライトレールを使って20分以内の範囲に仕事場があり、買い物ができ、レストランやバーに行ける。20分圏内で普段の生活に必要なものが何でも揃うコミュニティが、ポートランド市内にはいくつも存在している。それらを公共交通でつなぐことにより、コンパクトで住みやすい街をつくりあげてきたのだ。

20分圏コミュニティのライフスタイルを紹介すると、たとえば、朝は自転車での通勤途中に地元

歩きたくなるストリート

のカフェでオーナーが自ら焙煎したコーヒーを堪能し、昼食は「Farm to Table」（生産者／農場から消費者／食卓まで）にこだわったレストランで旬の味を楽しむ。夕方は仕事帰りに地元のスーパーで新鮮な食材を買い、近所のバーへ立ち寄り、地ビールを買って家族で夕食をともにする。週末にカーシェアリングを利用して家族や友人とワイナリーへ出かけ、美しい丘陵地に広がるブドウ畑を眺めながらピクニックを楽しむ。身の回りのものはなるべく地元のデザイナーや企業がつくったものを選ぶ。ジョギングシューズはもちろんナイキ、レインジャケットはコロンビア、TシャツはMake It Good、フラネルシャツはPendleton、ブーツはDanner。革の財布はTanner Goods、本はもちろん地元の書店Powell's Booksで買う。自転車は80年代の中古ビンテージや地元のフレームビルダーがつくったものをChris KingやPortland Design Worksの部品でドレスアップ。Nutcaseのヘルメットをかぶり、Archival ClothingやChester Wallaceのキャンバス地のバックパックできめるのがポートランド流。こうした地元の製品がすべて20分圏内で揃うのが、ポートランドの街のよさだ。

そしてその中核がコンパクトで密度の高いダウンタウンだ。ポートランドのダウンタウンの街区は正方形で一辺の長さが２００フィート（約61メートル）。これはアメリカで最小といわれている。たとえばニューヨークのマンハッタンの街区が２７４×80メートルもあることを考えれば、その小ささがわかるだろう。これは、かつて１８００年代半ばにポートランドの街を開発した地主たちが、角地が多い方が賃料を高く取れると目論んで、わざわざ小さな正方形の街区を計画したからだ。

地産地消のレストラン
Clarklewis

ハンドメイドのクラフトメーカー
Tanner Goods

大人の足で歩けば1街区、約1分で歩ける大きさで、1分ごとに街の景色が変わってゆく。建物の1階部分の多くはガラス張りで、レストラン、コーヒーショップの店内の様子を眺められるのも、歩く楽しみの一つになっている。歩道は道幅がゆったりとられ、道路というオープンスペースで人々がいかに心地よく過ごせるか、ヒューマンスケールのデザインが考えられている（詳しくは後述）。

新旧の建物の混在をコントロールする

ポートランドには観光名所になるような建物や有名な建築家がデザインした建物はほとんどない。それは、ポートランドでは市民の意見を取り入れるデザインプロセスときめこまやかなデザイン・ガイドラインが設けられていて、街並みとの調和が求められるからだ。ポートランドで設計を行う建築家たちは歩行者の通行量の多い通りに面した玄関口や窓周りのデザイン、看板や壁の質感、そして歩道との接点のデザインに特に気を使わなければならない。それは既存の建物にも共通で、PDCはTIF（5章参照）の一部で1階の店先の改修工事の費用（上限50％まで）を補助している。

ポートランドでは地区全体で調和がとれるように、建物やオープンスペースのデザイン・ガイドラインを設けている。これは、都市の開発や再開発にあたって、地域の特色や個性を活かしながら秩序のある連続した空間をつくるための指標である。

パール地区南部のブルワリー・ブロックでは全体都市計画、中心部デザイン・ガイドライン、地区デザイン・ガイドライン、特別地域デザイン・ガイドラインの4層が重なりあっている。そして各ガイドラインには必ずいくつかの目標が掲げられ、それに見合うよう建物をデザインしなくてはならない。たとえばパール地区が属するリバー・ディストリクトのガイドラインには四つの目標が掲げられている（次頁の表）。そして各目標をどのように達成するべきかが提案されている。

都市開発の際、歴史的建造物はその地域の特別な扱いを受ける。たとえば、パール地区に今でも点在している、１００年以上前から残る古いレンガ造りの工場や倉庫。これらは街の記憶を残し、この地区や街全体の特徴を引き出すための素材でもある。また、第二次世界大戦以前の建物は、鉄、レンガ、コンクリート、ガラス、木材などの素材を惜しまずに丈夫に建てられているため、壊して新しい建物を建てるよりも、上手く寿命を延ばした方が環境にも懐にもやさしい。しかも、年を重ねるごとに味が出てくる重要な街の財産でもある。これらの古い建物を残

ブルワリー・ブロックの
デザイン・ガイドラインの構造

リバー・ディストリクトのデザイン・ガイドライン

目標1 ウィラメット川の自然を街に取り込み、川との機能的かつ象徴的な関係を築く。

a. 土地、建物を川に面して整理することにより、住民や来訪者が川の存在を認識しながら生活できる。
b. ウィラメット・グリーンウェイトレイル（川沿いの遊歩道）に地区を接続する。
c. オープンスペースのデザインに噴水や水をモチーフにしたアートなどを取り入れる。

目標2 ユニークな地域コミュニティをつくり、都市圏の住宅開発の拠点の一部を担う。

a. 特に中心部に近い主要街路にはダウンタウンと同じ61×61メートルの街区を整備することが望ましいので、必要に応じて土地を整備し、歩道やファニッシングゾーンの幅、建物のセットバックを調整する。建物の1、2階部の壁は歩道のすぐそばに建てられることにより、都市らしいデザインが保たれる。一方、駐車場が歩道に面していて、そればかりが連続すると、歩道空間ががらんとして、車優先の郊外型のデザインになってしまう。建物の改修時や新しい建物のデザインをする際に、既存の古い倉庫街の特徴を活かす。
b. 建物と歩道の間の柵、壁、門を低めにデザインし、住民同士の対話を促進させる。
c. 背の低い植栽やテラスを施し、住居と歩道の間に心地よい空間をつくる。

目標3 魅力的なデザインを施し、すべての住民や来訪者に快適性、利便性、安全性と喜びを与える活動を促進することにより、地区の特徴や生活の質を高める。

a. 歩行者が自然を感じたり、寛いだりできるように、ベンチやポケットパークを設ける。
b. 地区への出入口に新たな地区に入ったことがはっきりわかるよう、ゲートウェイをつくる。
c. 駐車場やガレージをなるべく囲い、周りの建物に合わせてデザインする。
d. ファニッシングゾーンにテーブルや椅子、看板や照明を置くだけでなく、大きな窓やバルコニーを地上階の店舗の前に設け、社会的な交流を促進する。

目標4 パール地区と隣接する地域とのつながりを強める。

a. オープンスペースやトレイルを設け、川と近隣地区をつなぐ。
b. I-405、バーンサイド、ナイトーパークウェイのような幹線道路と川との視覚的・物理的な連結性を高め、近隣地域とのつながりを強める。

古い建物と新しい建物が違和感なく混在している

し、活かすためには、その周りに新たにつくられる建物のデザインに配慮し、新旧の建物を上手く調和させる必要がある。

たとえば、古い低層の小さな倉庫が集まっている地区で大規模な新規開発を行う場合、それらの倉庫との関係を示すような間口の間隔やデザインを施したり、素材や色を上手く組み合わせたりして調和を図る。このときに重要なことは、新しい建物を古い建物の時代のデザインに合わせて建てないこと。これをやってしまうと、テーマパークのようなつくりものの街になってしまう。古い建物と新しい建物を違和感なく混在させることが、街を開発する際のポイントだ。

賑わいを呼ぶ通りのデザイン

ポートランドのダウンタウンの総面積の約4割は道路だ。通りに賑わいを出すために、歩行者の視角に入る地面から3メートル程度の1階部分をしっかりデザインする。1階にはなるべく窓ガラスを入れ、視角を遮る壁を少なくし、飲食店や小売店をテナントに入れる。こうした店に人々がやってくることでその地区の交流人口が増え、ガラス窓で建物の内外の透明性を上げることにより、屋内にいる人は通りの賑わいを感じ、通りにいる人は屋内の賑わいを感じる仕掛けになる。これは通りの安全性にもつながっている。たとえば、誰かが路上駐輪している自転車を盗もうとしても、

1 階の店舗はガラス張り

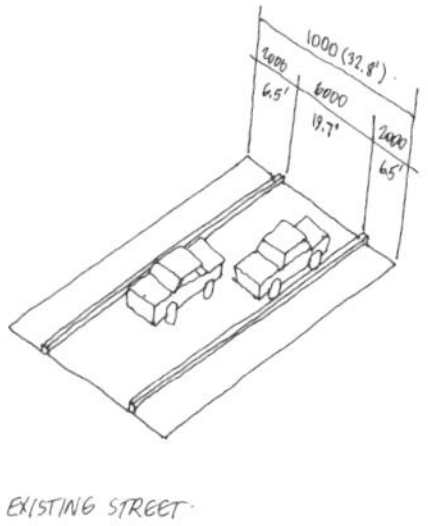

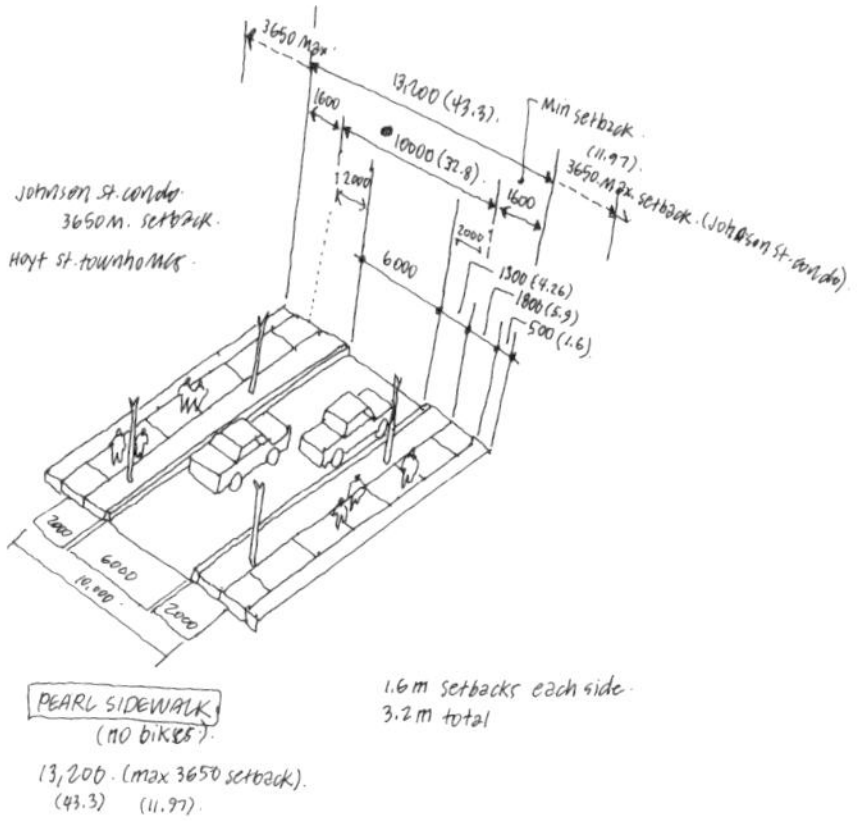

再開発前の既存の状態。車道と歩道のみのデザイン

パール地区の歩道改修のデザイン。車道と歩道の間にあるのがファニッシングゾーン

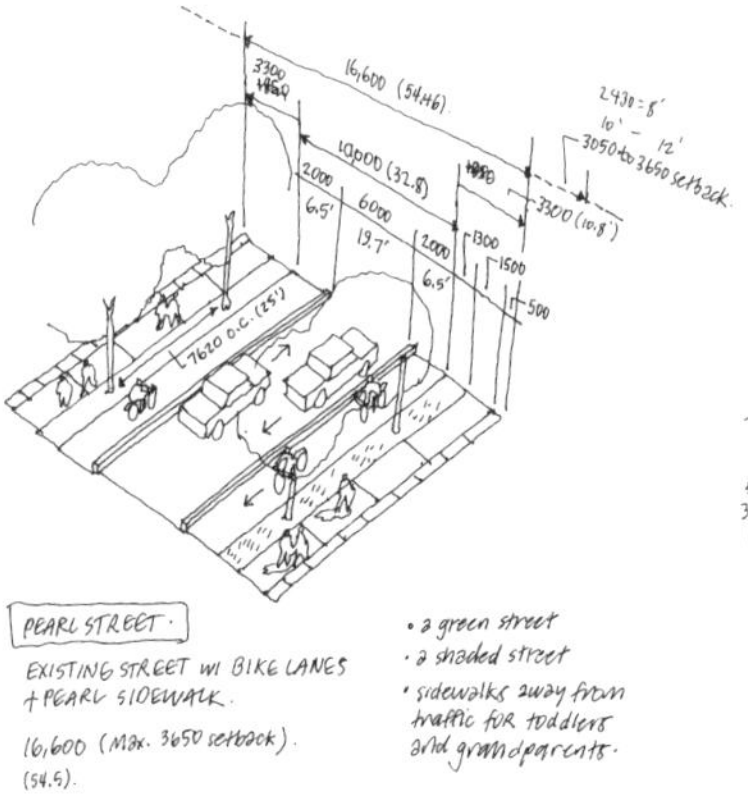

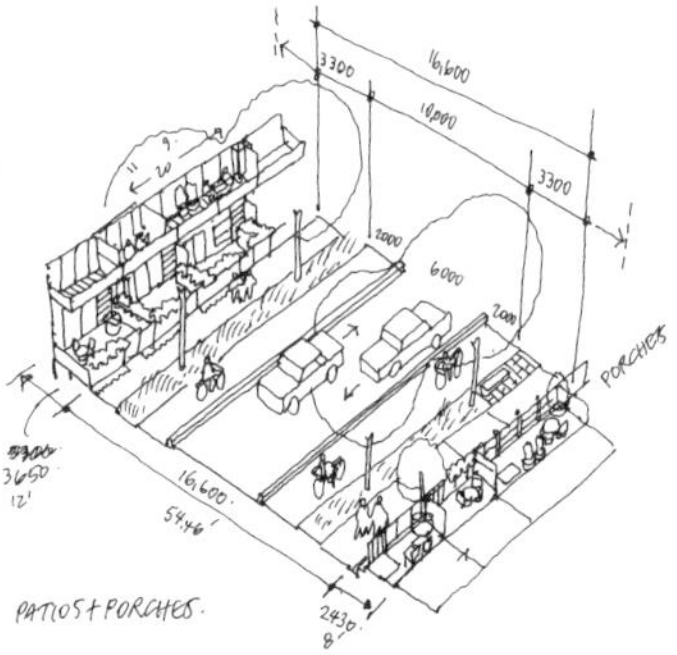

パール地区の歩道、ファニッシングゾーンと自転車専用レーンの改修デザイン

さらに道沿いにある建物に歩道に面したベランダやポーチをデザインし、道路空間に特徴と賑わいを出す

道路空間を多目的に利用する

ガラス越しに屋内の人々が食事をしながら外を見ていると盗みづらいものだ。

歩道の幅は広めで、歩道と車道の間にファニッシングゾーンと呼ばれる1メートルぐらいの空間を設け、そこに街灯や植栽、店の立て看板、ベンチやコーヒーテーブル、自転車を駐輪するための柱などを置く。

夏になると1階の店舗は窓やドアを開放するので、通りの歩行者と屋内の人との関係はますます近づく。煎りたてのコーヒー豆の香りやキッチンから漂う料理の匂いに誘われ、歩行者が店を覗く。

建物前の車道は路上駐車スペースになっていて、道路を通行する車と店舗の利用客との間には駐車スペース、ファニッシングゾーン、歩道があり、このスペースは「劇場空間」と呼ばれている。歩道がステージで、歩行者が役者たちとなる。レストランの店先や窓越しに座っている観客が外の役者たちが繰り広げる劇を鑑賞して時を過ごすわけである。役者は気に入った店を見つけたら、いつでも観客になれるし、観客もいずれは役者になる。

建物のミクストユース

街に賑わいを出すには、街区や道路といったハードのデザインだけではなく、空間の用途や使われ方にも気を遣わなければならない。たとえば、素敵な建物や道路があっても、オフィスビルばかり集積したエリアは、平日の限られた時間しか賑わわない。これでは小売店や飲食店の商売が成り立たない。街に賑わいを生みだすのに必要なのは、就業者と居住者の割合、昼夜人口のバランスをとることだ。

昼夜人口の極端な差をなくし、いつも賑わいのある街にするため、ダウンタウンの区画開発においては建物のミクストユース化を図っている。必ず1階を商業、2〜5階までをオフィスなどの就業の場、その上を住居やホテルなどにすれば、最低1日16時間は常に多様な人々が行き交う街になる。

ミクストユースのアイデアは、ドーナツ化現象によりダウンタウンに人がいなくなった60年代に生まれた。ポートランドでは70年代から、ダウンタウンやその周辺地域の主要道路と公共交通の接点に集中的にミクストユースを増やす努力を続け成功しているが、うまくいっていない都市は全米中にある。特に地方の中堅都市で、ダウンタウンが住みやすくておしゃれで昼夜を通して賑わいがあるというところはほとんどない。

パール地区は、南がブルワリー・ブロックを中心とした商業とオフィスが集中したミクストユースのエリア、北は公園とアパートなどの住居エリアで、その商業エリアと住居エリアの間にレストラン、アートギャラリー、オフィス、カフェなどが建ち並んでいる。住居、店舗、オフィスがバランスよく集まっているため、昼夜を通していつも多様な人がいるので、賑わいが途切れない。早朝から散歩する住民がいたり、朝早くから開いているカフェがいくつもある。日中はオフィスでワーカーたちが働き、お年寄りや子供を連れた母親たちが公園を訪れる。夕方のハッピーアワーには仕事帰りのワーカーたちでバーが賑わい、ほかの地域で働く人々が帰宅する。夜は地元の人気レストランにディナー客の列ができる。

ここで、中心部に数多くあるミクストユースの建物のなかで最も環境にやさしい建物として注目を浴びている「インディゴ@12ウェスト」を紹介しよう。この建物は2010年にアメリカ建築家協会より全米で一番環境にやさしい建物の一つとして表彰を受け、後にLEEDプラチナ認定（LEEDについては後述）を受けている。パール地区のブルワリー・ブロックの南側に建てられた22階建てのガラス張りの建物で、1階には人気レストランやドーナツショップ、アメリカン・アパレルなどの商業テナントが数件、2〜5階にはこの建物のデザインを担当したZGFの本社が入り、250名ほどの社員が働く。6〜22階は街で一番人気のアパート（273戸）で、近隣のアパートよりも家賃は約10％割高にもかかわらず、常時100人ほどが空室待ちだという。地下1〜5階は駐車場、そして住民のためのフィットネスルームや映画上映用のシアター、屋上にはバーベキューグリル完備のルーフトップと簡単なパーティーなどが楽しめるコミュニティルームも完備している。

屋上には4基の風力タービンが設置されているが、実はこれらは都市部の高層ビルでは全米で初めての試みである。そのほかにもこの建物の環境への配慮は多数あるが、目に見えないものが多い。

太陽熱温水器による温水の供給、冷房は室内の輻射パネルにブルワリー・ブロックにある大規模な冷却水システムから冷水を取り込むことで低効率な空調（冷房）の使用を最低限に食い止める。外壁にはエネルギー効率の高い窓ガラスを使用し、室内に自然光を取り込み照明をコントロールすることにより省エネ化を図る。雨水はエコルーフでろ過した後、地下タンクに集積され、事務所のトイレやエコルーフの灌漑に再利用。豪雨の際はエコルーフで水の流出を緩和するなど、まさにグリーンテクノロジーのショーケースである。

LEED プラチナ認定の 22 階建てビル「インディゴ@ 12 ウェスト」。ZGF をはじめとする企業、商業テナント、一般世帯が入居している

この建物があるウェスト・エンド地区はもともと荒廃が続きあまり人が寄りつかなかったが、再開発が進むパール地区とダウンタウンに挟まれた好立地にも助けられ、インディゴ@12ウェストが建てられてから急激に再開発が進んだ。今では街一番のホットなエリアへと変貌を遂げ

ている。

ゾーニングと商業誘致

ポートランドではゾーニングも都市計画でしっかりと定められている。中心部はミクストユース、なかでもパイオニア・コートハウス・スクエアの周辺地域は商業が中心で、トランジットモールを軸にオフィス街が南北に広がっている。商業やオフィスばかりではバランスが悪いので、ウィラメット川の対岸にはものづくりができる工房を入れたり、ホテルや病院を分散させたりと、こうしたゾーニングは適宜見直されている。

ダウンタウンの中心部には商業が集積しているが、日本のショッピングモールのような大型商業施設を入れると、そこで買い物が完結してしまい、街に賑わいが出ない。集客力を持つ店舗をあちこちに散りばめ、人々が通りを移動しながら買い物できるようにすることで、地域全体の集客力を上げることが理想的だ。ここで大事なのは、このような路面店には全国チェーンの店はなるべく入れずに、地元の企業やショップ、または地元の文化やテイストに合ったブランドなどを呼び込むことだ。また、交差点には目立つユニークな飲食店などを誘致して、歩いて楽しい街の仕掛けをデザインするのだ。

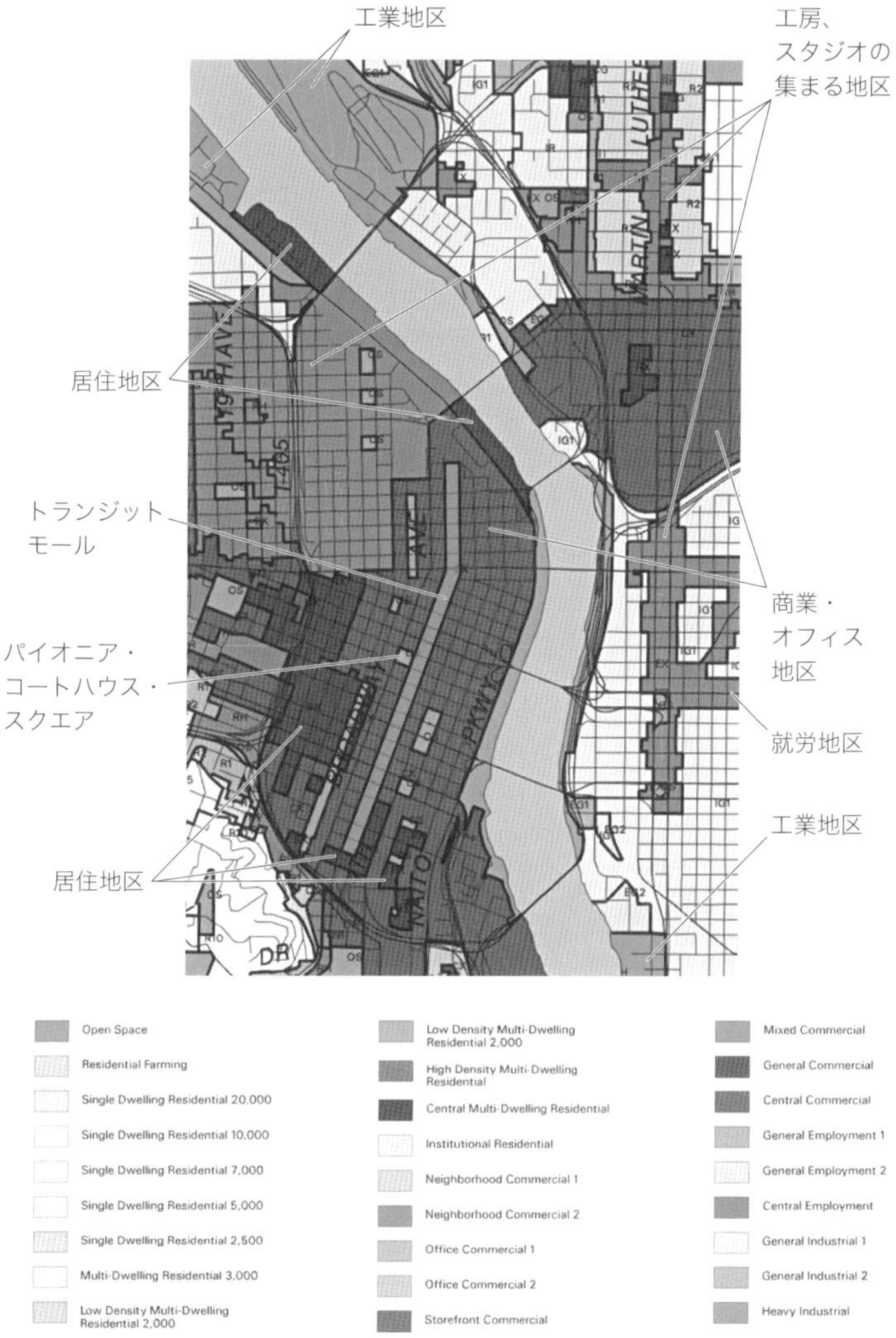
工業地区
工房、スタジオの集まる地区
居住地区
トランジットモール
パイオニア・コートハウス・スクエア
居住地区
商業・オフィス地区
就労地区
工業地区
Open Space
Residential Farming
Single Dwelling Residential 20,000
Single Dwelling Residential 10,000
Single Dwelling Residential 7,000
Single Dwelling Residential 5,000
Single Dwelling Residential 2,500
Multi-Dwelling Residential 3,000
Low Density Multi-Dwelling Residential 2,000
Low Density Multi-Dwelling Residential 2,000
High Density Multi-Dwelling Residential
Central Multi-Dwelling Residential
Institutional Residential
Neighborhood Commercial 1
Neighborhood Commercial 2
Office Commercial 1
Office Commercial 2
Storefront Commercial
Mixed Commercial
General Commercial
Central Commercial
General Employment 1
General Employment 2
Central Employment
General Industrial 1
General Industrial 2
Heavy Industrial

中心部のゾーニング

ウェスト・エンドのUnion Way。Danner など地元ブランドが多数入居する

アパレルブランド Make It Good
のスタジオ

家具とキャビネットを製造する
Eastside Woodworks

こういう商業誘致に関する采配はポートランド・ビジネス・アライアンス（PBA、ポートランド都市圏の商工会議所）がとり、PDCはその商業誘致セクションに資金を入れている。PBAの商業誘致担当者は、中心部のどこに空きがあるか、これからどこに空きが出るか、誰が建物の所有者で誰がブローカーかなど、地元の不動産市場に関する情報と、どんな商業（店舗）・サービスを市民が欲しがっているかというターゲットリストを持っていて、地主やテナントを探している仲介業者たちとさまざまな情報を交換している。ちなみにPBAが実施した最近の市民アンケートによると、ZARAやユニクロ、そして最近サウスイースト（ウィラメット川の対岸地域）で人気のコーヒーショップ「Water Avenue Coffee」にダウンタウンに出店してほしいという要望があるようだ。

なお、PDCは商業誘致は一切せず、雇用創出のために特定分野の企業誘致に取り組んでいる。これについては5章で詳しく触れる。

2 行政と民間のポジティブな関係

面的デザインを可能にする、行政と民間のパートナーシップ

こうした街の賑わいをつくりだすにあたって重要なのが、行政と民間のやりとりである。このような街のデザインは、建物のオーナー、デベロッパー、建築家、テナント事業者と市の各部署とPDC（開発局）がお互いに信頼しあってパートナーシップを築いていなくては不可能である。行政と民間が長期的なゴールを共有し、お互いに融通しあわなくてはならないことがたくさんある。

たとえばある地区で、歩道のコンクリートブロックの幅や段差がバラバラだったり、緑のボリュームや建物の外観もちぐはぐで、歩きづらく街並みの連続性も欠いていた通りがあったとする。道路は市が保有しているが、土地や建物にはそれぞれ地権者がいる。また、市の交通局が管轄している部分がある。実際に道路をデザインする場合は、建物と建物の間や歩道を含めて連続性を持たせる必要があり、民有地と公有地のスペースを厳密に分けるのではなく、柔軟なやりとりが必要になる。建物ごと、道路ごとにやると分裂してしまうデザインを面的に行うことで連続性が生まれ、そ

れが区画全体の過ごしやすさにつながるのだ。

そうした面的なデザイン手法においては、プロジェクトの企画をアーバンプランナーが立案し、その意図を理解している建築家やランドスケープデザイナーが道路や私有地、公共空間のデザインを担う。そのプロセスで、デベロッパーや市が主催するワークショップが開かれ、市民の意見が集められる。その上で、市の交通局やＰＤＣ、地権者、建築家、ランドスケープデザイナーらが意見を交換し、図面を仕上げていくのだ。さまざまなステークホルダーが協働して進めることが、プロジェクトの効率的な実施だけでなく、各地区の個性と多様性の確保につながっている。

オープンスペースを増やし、エリアの価値を高める

ポートランド市は、サステイナブルなまちづくりで注目されるずいぶん前から、都市とオープンスペースの関係を重視してきた。１９０３年にはニューヨークのセントラルパークのデザイナーとして知られるオルムステッド兄弟を雇い、市全体の公園マスタープランを策定し、公園の重要性や市民が街を美しくする義務、そして公園・緑地の役割や用途、あるべき姿、そして土地の確保に至るまでを詳細に示した。それ以来、ポートランド市はそのマスタープランに則り１００年以上にわたり公園用の土地を買い続け、市民のためのオープンスペースをつくり、守り続けてきた。今では

街なかの連続性のあるオープンスペース

市の面積の約12％が公園・緑地となっている。

開発業者側にも、特に大規模なプロジェクトの場合、公園やオープンスペースを同時に整備するのは当然という認識がある。業者は、自らの事業用地の一部（1エーカー＝約4000平方メートル以上）を公園用地として市に譲渡すれば、市に支払うインフラ開発費用の一部が免除されるという制度がある。公園の周囲の不動産価値が上がることにより、固定資産税の税収が増加すると、将来的には市にも利益が還元される。このしくみにより、業者は自社のプロジェクトに伴うインフラ開発の協力を行政にも要請しやすい。市民のためによい公共空間をつくっていくためのポジティブな協力関係と経済循環が、市との間に生まれているのだ。

日本では開発用地内に居住スペースやオフィススペースをできるだけ効率よく建て、わずかに空いたスペースを公園にするというような発想が当たり前だが、ポートランドでは公園のスペースを2倍にするなら建物の階層制限を2層増やしてもよいというようなやりとりをする。

ポートランド市が緑地や公園、オープンスペースをことさら重視するのは、市民の自然環境への意識の高さもあるが、富裕層から低所得者層まで、また幅広い年齢層の多様な市民が暮らしやすいまちづくりを目指しているからだ。高密度なダウンタウンのアパート住まいでは庭もなく、子供たちが遊べたり、休日に家族で出かけたりするスペースも限られている。

市の公園・レクリエーション部では1999年より「Parks 2020 Vision」という構想を掲げ、都市のなかに自然環境を生みだし、公園や緑地の質を改善し、2020年までにすべての市民が2分の1マイル（徒歩10〜15分）以内に公園へのアクセスができるよう、公園マスタープランの改善を図っている。

行政とデベロッパーによるパール地区の開発

ポートランドでは地区ごとにさまざまな建築規制がかけられていて、たとえばパール地区だと、容積率が厳しく制限され、新築の場合、十数階の中層の建物しか建てられない。そのうえ地価が高いので、デベロッパーは儲からない。しかし、デベロッパーがそのプロジェクトのなかで緑地を増やすプランを入れたり、コミュニティスペース、（特に低所得者向け）住宅、エコルーフ、商業、パブリックアートなど地域社会に恩恵をもたらす用途を組み込むことにより、ボーナスとして建物の容積率を増やすことができる。パール地区の開発当初、市とデベロッパーの間で結ばれた長期開発契約の一部に、ストリートカー（路面電車）の沿線は駐車場を少なくして公園と緑地を増やすという取り決めがされた。

そういった行政と民間事業者とのやりとりの結果が、民有地のなかの一般に開放された緑地やポケットパーク、また歩道と建物の間のオープンスペースのデザインなどいたる所に見られる。

PDCは1994年に「リバー・ディストリクト開発計画（River District Development Plan）」を発表し、そのなかでいくつかの重要項目とそれを達成するための戦略を掲げている。主なものは以下の通りである。

①この地区の開発はダウンタウンの既存エリアを北へ拡張し、高密度なミクストユース開発を基本とする。

②2000〜3000戸の住宅を開発する。

③官民連携でインフラを開発する。

その後1997年にホイト・ストリート・プロパティーズ社（以下、ホイト社）が後にパール地区北部の中心部となる34エーカー（約13ヘクタール）の用地を売却。1999年に着工したパール地区の大規模開発は、ポートランド市（PDC）とホイト社が長期開発契約を締結することで始まる。

大きなプロジェクトとしては、パール地区北部を東西に走るラブジョイ高架道路を市が撤去し、その後にできた空き地を公道の建設のためにホイト社が市に譲渡。また、3カ所、約3エーカー（約1ヘクタール）の公園用地もホイト社から市へ譲渡された。そしてダウンタウンと同様のストリートグリッドやストリートカーの路線を引くための土地も譲渡され、その代わりに市は地区全体の新規開発に対するインフラ開発負担金を大幅に還元した。さらにホイト社が新規の住宅（特に低所得者向け）、エコルーフ、噴水など地域社会に恩恵をもたらす用途を組み込むことにより、インセンティブ

上／再開発される前のラブジョイ高架道路
下／ラブジョイ高架道路を撤去した跡地は現在、
パール地区で一番人気のベーカリーになっている

（ボーナス）として建物の容積率を増すことを許可された。

③「エコディストリクト」というコンセプト

一つの地区を環境システムとしてデザインする

エコディストリクトは、1990年代の終わり頃からポートランドで使われはじめた環境都市開発の手法で、5〜30街区からなる地区（district）を一つの環境システムと捉えて施策を行う都市再生の手法だ。その地区内の建物群、オープンスペース、街路、交通網や上下水道網の間で融通をしてエネルギーや水の使用量を大幅に節約し、都市環境の改善につなげる。たとえば建物群の屋上で雨水を溜めて公園の噴水に再利用するなど、建物単体より地区規模で節約に取り組むと、より大きな効果が得られる。

アメリカには1998年からグリーンビルディング協会（USGBC: U.S. Green Building Council）が開発・運用しているLEED（Leadership in Energy and Environmental Design）という建物と敷地利用についての環境性能評価システムがある。省エネと環境に配慮した建物・敷地利用を先導するシステムで、

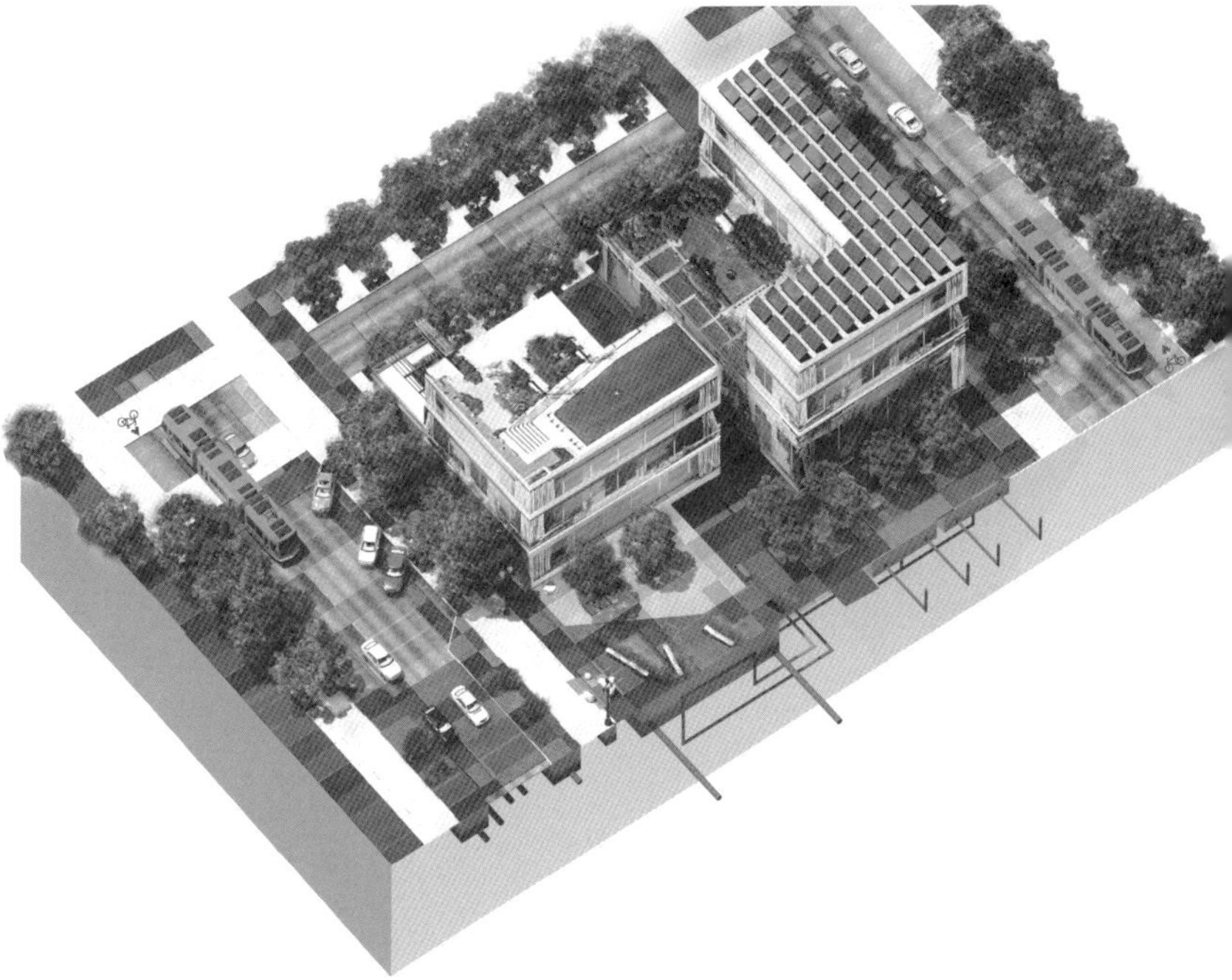

ZGF とポートランド・サステナビリティ研究所（現在のエコディストリクツ）によるエコディストリクトのコンセプト図。開発の計画段階で地区レベルの地下インフラ、交通、緑地、建築、環境インフラ、コミュニティ（就労者と住民）の生活循環を包括的にデザインすることにより、環境にやさしい都市を具現化する

その承認には各建物の環境性能を高めるだけではなく、建物間のエネルギーや水の融通、室内環境の改善やゴミのリサイクルなどによって判断される。したがって、水道や冷却装置、暖房装置、電気やソーラーパネルなどの設備を1棟ごとに設置するのではなく、複数の建物で融通できるように、建物の側面や屋上に設置したり、広場に置いたりして、面的な利用を工夫することでLEEDを達成できる。

ある地区をエコディストリクトとして開発する場合、市の開発局（PDC）、交通局、都市計画局、デベロッパー、都市計画家、建築家、環境エンジニア、ランドスケープデザイナーなどがまず集まり、一つのチームとなって大まかなコンセプトをつくる。空間をエコロジカルにし省エネを図るために、どのような目標を立てるか、それによってどのようなコミュニティを生みだせるか、そこに将来やってくるテナントや利用者が求めるものは何か。それらを探り当てるために、開発チームは地域の住民や企業などと意見交換をしながらコンセプトをつくる。

エコディストリクト化することで、環境への負荷を低減し、エネルギーコストも節約できるわけだが、通常は多くの地権者やステークホルダーからさまざまな主張が出されるため、簡単にはまとまらない。ポートランドでは、まず市が作成した長期都市計画をもとに、地権者、市の各局の職員、周辺の企業、住民、デベロッパーがともにデザイン・ワークショップを行って、エコディストリクトによって受けられる恩恵、それにかかる費用についてそれぞれの意見を調整しながら実際のプランに落としこんでいく。

もちろんエコディストリクトは従来の開発手法と比べると初期段階で膨大なお金がかかり、前述したようなステークホルダーたちとの協議プロセスにも時間がかかる。ブルワリー・ブロックでは1999年にプランをつくり始め、建物が完成したのが2004年。しかし、こうした初期費用は、エコディストリクト化することによって長期的にはコスト削減という形で償還できる。そして、多くのステークホルダーが計画段階から参加することで完成後の失敗を防げ、人々が街の価値を共有することにもつながる。

このエコディストリクトの開発手法は、もともとはブラウンフィールド（荒廃地区）の再開発に用いられていた手法だが、ポートランドで地権者や住民の多い地区の再開発で成功したことにより、ここ数年の間に全米各地の都市で取り入れられている。

発祥の地「ブルワリー・ブロック」

エコディストリクトの先駆けとなったのが、パール地区南端にあるブルワリー・ブロックのプロジェクトだった。1999年、ポートランドのデベロッパー、ガーディング・イドレン社は、パール地区の南端5区画を包括する再開発計画を打ち出した。1800年代につくられたビール醸造所

パール地区、ブルワリー・ブロック

ブルワリー・ブロック

面積：145,207 m^2
竣工：2008 年
区画：5
建築物：7（LEED プラチナ 1、同ゴールド 4、同シルバー 1）
エコルーフ面積：1,858 m^2
7 つのビルすべてに冷暖房を供給する冷却水システム：1
エネルギー供給システム：1
解体を含む工事の残骸のリサイクル率：94%

の工場跡地周辺（通称「ブルワリー・ブロック」）の5街区を一度に再開発し、ミクストユースのスマートシティを実現することが目的だった。

既存のレンガ造りの古いシアターやビール工場は街の大切な資源であり、そういう建物を残しながら新しい建物を加えつつ省エネ化を図ることを目指した。地元の企業の先進的技術を結集し、地区内すべてのビルに冷暖房を供給する大規模な冷却水システムを導入するなど、歴史的なエリアを先進技術でもってリノベーションし、7棟のビルのうち6棟がLEEDに認定された。また、優れたM／E／P（機械・電気・配管）設計により、ヒート・リカバリー・ベンチレータ（換気熱回収）、エネルギー効率の高い窓ガラス、ソーラーパネルに至るまで、ハイレベルの省エネ対策を具現化している。

また屋上緑化を施したグリーンルーフを通して雨水を集めてオフィス棟のトイレの水洗水にリサイクルしているほか、ビオトープを面的に計画し、街路に落ちる雨水はなるべく建物間の植栽や緑地に浸透させることを街区全体でプランニングしている。

こうしてブルワリー・ブロックは、歴史的なブルーパブ（醸造設備を備えたパブ）の雰囲気を残しつつ、最先端の環境技術で運用される建物群として再生された。

ミクストユースの次世代モデル地区「ハサロー・オン・エイス」

ウィラメット川の東岸、ロイド地区にある「ハサロー・オン・エイス」は、ミクストユース開発の次世代モデル地区だ。2015年夏にオープンしたこのプロジェクトは、主要な公共交通拠点と商業地域、住宅地を結ぶ立地で、公共交通のネットワーク、居住地の快適性、水環境の保全、省エネルギー、廃棄物のリサイクルなど、多岐にわたり環境に配慮したエコディストリクトである。

不動産開発会社アメリカン・アセット・トラスト（AAT）は地域の暮らしの質を再定義することで、持続可能なプレイス・メイキングの考え方をこのプロジェクトで実証した。開発は、ロイド地区の象徴でもある700ビルの全面改造、9万平方メートルを超える新しい住居・商業スペースを含む四つのビルからなっている。

地域の連続性を遮断する駐車場スペースは地下に格納し、住人、訪問者、就業者が行き来する中央広場へのアクセスをつくった。もともとあった駐車場の敷地にはオープンエアの貯水タンク、屋上緑化、雨水を処理・管理するバイオスウェールなど、トータルなグリーン・インフラシステムが設置された。

ハサロー・オン・エイスは水環境保全のデモンストレーション・プロジェクトでもあり、6万ガロンの家庭排水・下水を、嫌気槽、浄化槽、紫外線照射の三つで構成される生物分解システムによ

ロイド地区にあるハサロー・オン・エイス

って現地で処理することができる。そこで処理された水は植栽や冷却塔の水補給、トイレ用水として使用されている。

このプロジェクトはAATのデザインチームとポートランド市の各部局とのパートナーシップによって実現した。市は早い段階でプロジェクトのビジョンを理解し、市のインフラ開発条件に見合うようAATのデザインチームと緊密に協働した。市は新技術に対して常にオープンな対応をとり、イノベーションを推進する民間企業や、より高いパフォーマンスを達成しようとするプロジェクトを積極的に支援している。

ワシントンDCの「サウスウェスト」

さて、パール地区で始まったエコディストリクトの取り組みは、今ではその取り組みに携わったポートランドの設計事務所や建築会社が全米、そして海外にも展開しはじめている。その代表的なプロジェクトが首都ワシントンDCのサウスウェスト・エコディストリクトだ。

国会議事堂の目の前にある大規模再開発で、連邦政府の事務所ばかりが建ち並ぶ地域に、既存の建物数十棟のデザインを見直し、商業施設、ホテル、住居、文化施設といった用途を多様化し、ミクストユース化を図り、昼間人口の約3割増、また通勤時の混雑の緩和と公共交通の利用増（約7%

ワシントン DC のサウスウェスト・エコディストリクトの全景

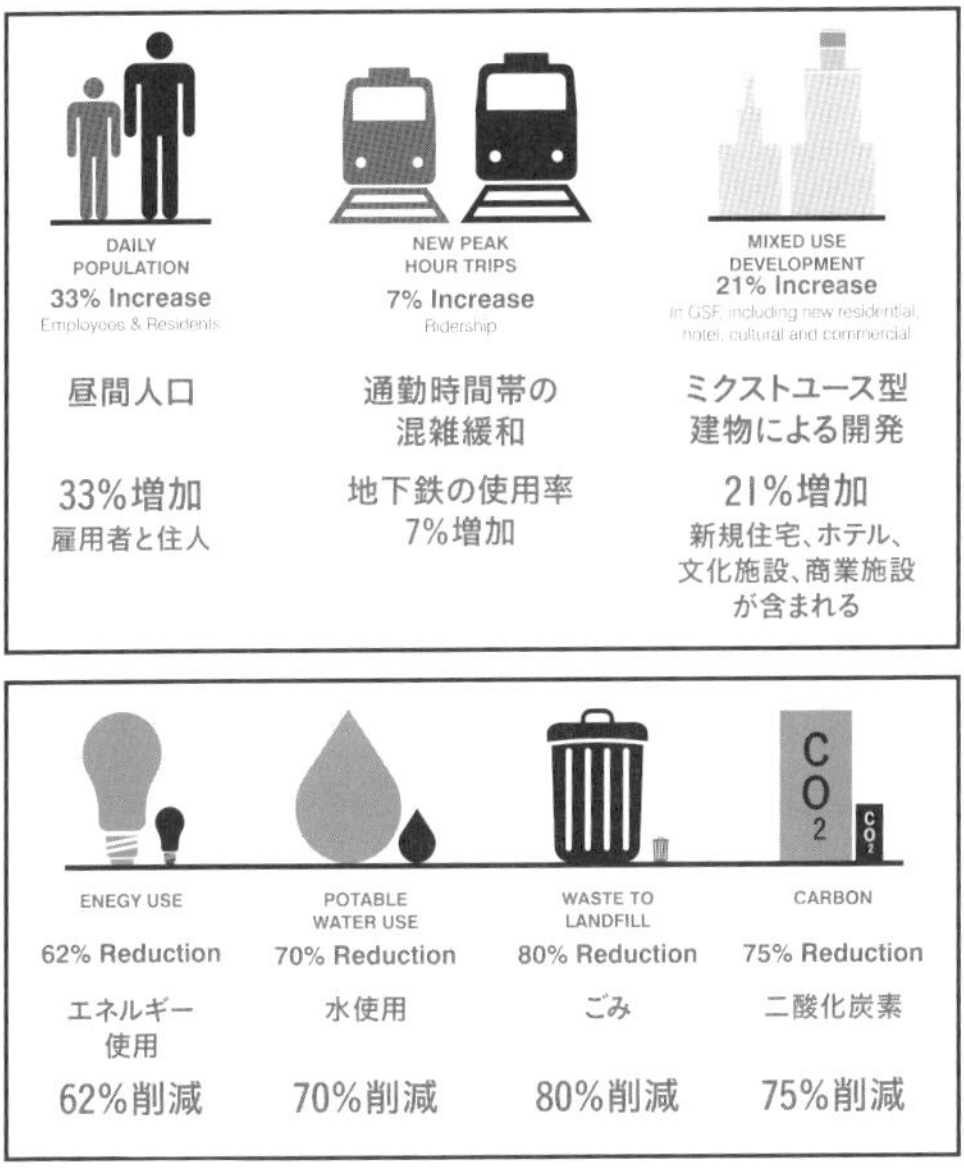

サウスウェスト・エコディストリクトで予想される2030年までの変化

増）にもつなげる。また、地区全体でインフラ網を設計することにより、電力、ガス、水などを融通させて、再利用を可能にすることで、大幅な省エネ（エネルギー使用を6割減、水使用を7割減、ゴミを8割減、二酸化炭素を7割減）を達成する計画だ。これらの取り組みにより、環境負荷の大幅な軽減が見込まれている。

Portland

3章

40年かけてつくられたコンパクトシティ

① スタンプタウンから環境先進都市へ

街を汚しながら成長した工業都市時代

ポートランドは1851年の市の成立以来、人口が減った時期はあまりない。1960年代と80年代に数パーセント減っただけである。

歴史をたどると、ポートランド、そしてオレゴン州は西部開拓時代からこの地域の自然に頼って経済を賄ってきた。市設立当初の産業といえば、ビーバーや鹿などの毛革や小麦の輸出だった。ポートランドは農業と林業で急成長を遂げ、土地をどんどん切り開いていくなか、人手不足のため切り倒した木の切り株が処分できずに、街のあちこちにたくさん放置された。その風景から「stump town＝切り株の街」と呼ばれるようになった。

その後アメリカの多くの都市と同様に、工業化することで人口を増やしていった。1930〜40年代にはウィラメット川沿いに多くの製鉄工場や造船所が建てられ、工業地帯へと発展を遂げた。当時ポートランドは、第二次世界大戦で重要な役割を果たしたリバティーとヴィクトリーという貨

1851年の市の設立から現在までの人口の推移

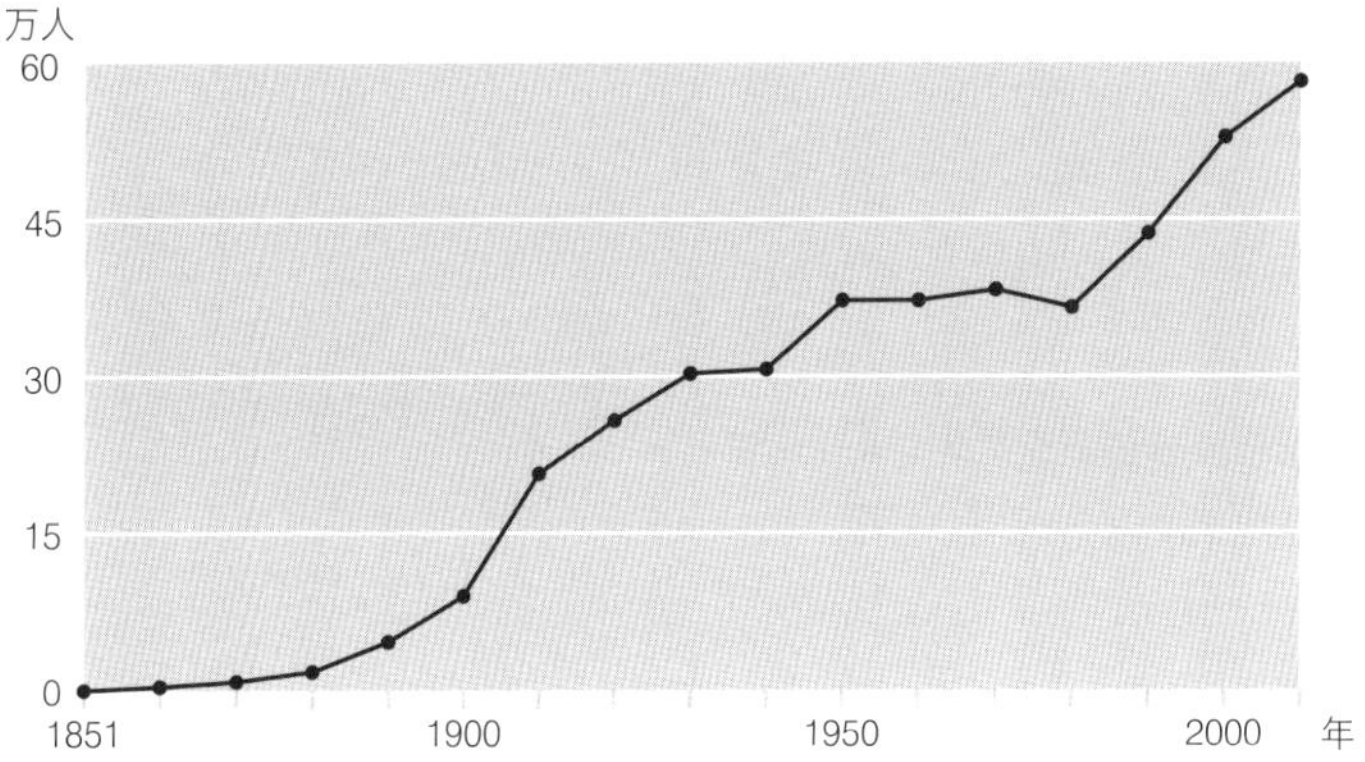

物船の製造拠点の一つだった。１９４０年代、太平洋戦争が本格化すると、造船所はさらに増設された。これらの造船所は最盛期には12万5千人もの工員を雇い、その工員の住居や生活に必要なサービスを提供する人々も集まり、ポートランドの人口は20〜30万人台へと数年間で一気に飛躍する。工員の多くはアメリカ国内各地から移り住んできた。

ウィラメット川とコロンビア川沿いの港でつくられた貨物船は、オレゴンで獲れた食料、戦争物資、そして多くの兵隊などを積んでサンフランシスコや太平洋の戦地へと出航した。産業の発展と人口増加により、小都市ポートランドが北西部の貿易拠点へと成長を遂げた象徴的な時代である。

こうして工業都市としての発展に邁進していたポートランドは、１９７０年代に分岐点を迎える。

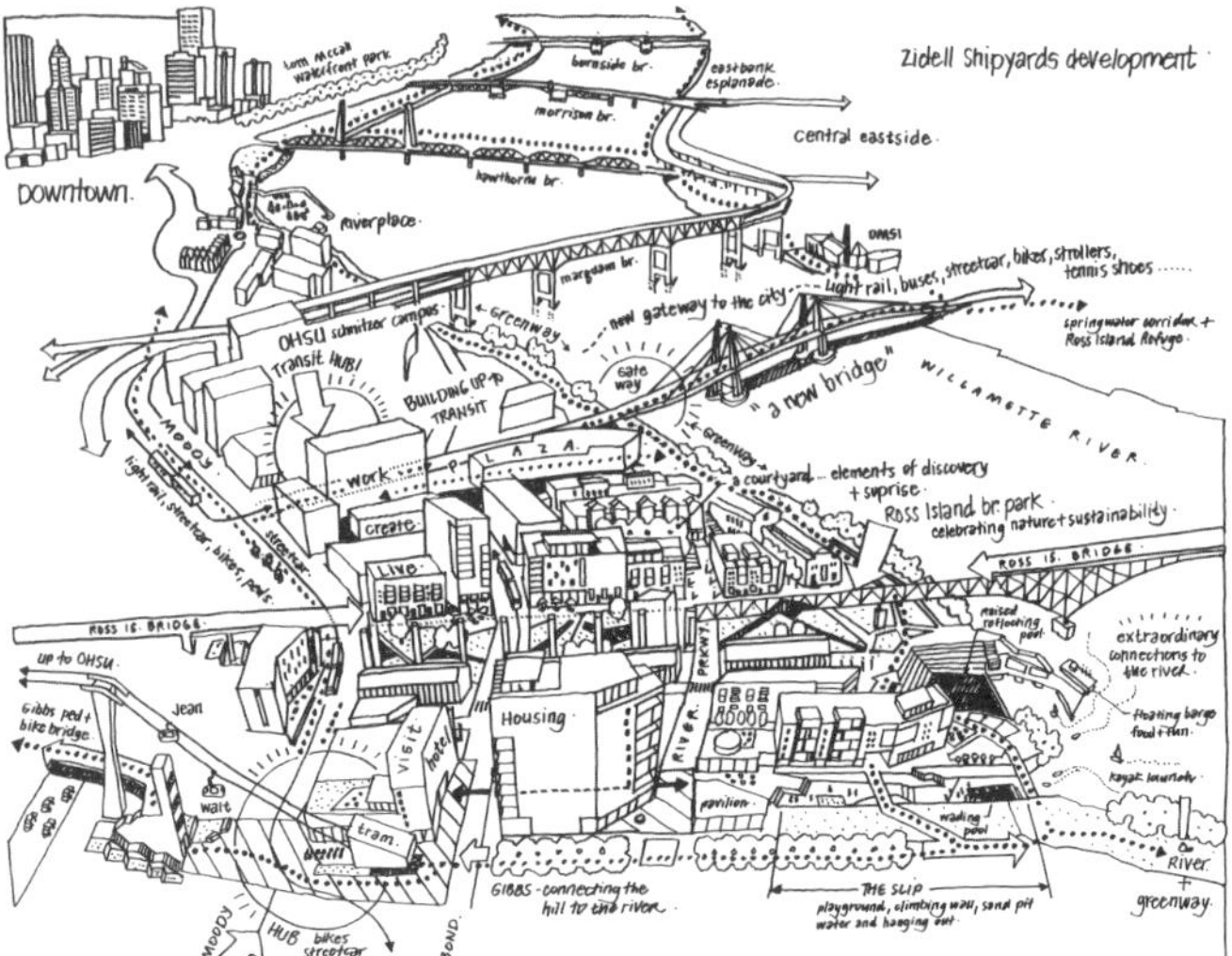

サウス・ウォーターフロントにあった大型船解体所、ザイデル・シップヤードの全景（上）、再開発のコンセプト図（下）

国のハイウェイ事業への反乱

1960年代にアイゼンハワー大統領率いる連邦政府は、ドイツのアウトバーンに倣い、国防のために必要不可欠な取り組みとして、国内の主要都市をつなぐ「インターステイト・ハイウェイ（州間高速道路）事業」を発表。国中の高速道路建設が本格化した。当時国防長官に任命され、この公共事業の指揮を執ったのがゼネラルモーターズ社元社長のチャールズ・アーウィン・ウィルソン。自動車社会の発展の先鋒に立ったキーパーソンである。これは軍隊の人員、機材、物資の移動を容易にするために国がトップダウンで推し進めた政策だった。

第二次世界大戦後、ポートランド周辺には州間高速道路84号、5号、405号、205号の4本が建設された。

1903年にオルムステッド兄弟がつくったポートランド市の公園マスタープランには、ダウンタウンを南北に流れるウィラメット川沿いの水辺には公園が計画されていた。しかし自動車産業の発展により、1943年には4車線の高速道路ハーバードライブがダウンタウンを南北に通る幹線道路として開通し、ダウンタウンからウィラメット川へのアクセスは完全に途絶えた。

当時のオレゴン州知事トム・マッコールは市民による特別委員会を発足し、ハーバードライブを公園に戻す選択肢を検討した。1973年にフリーモント・ブリッジが完成したことにより、ダウンタウン西側に州間高速道路405号線が開通し、新たに南北の幹線道路が生まれた。翌年、ハーバードライブを閉鎖し、ウォーターフロント・パーク（1984年に当時の知事の功績を讃えて、トム・マッコール・ウォータフロント・パークと改名された）が着工された。これがアメリカ史上初の高速道路撤去の実例となった。

さらに、当時の計画ではあと2本の高速道路建設（505号とマウント・フッド・フリーウェイ）が予定されていたが、それらは都市部の住宅地を分断することになるため、大きな論議を呼んだ。ポートランドの街からフッド山へのアクセスを容易にするために発案されたマウント・フッド・フリーウェイの一部は建設されたが、残りの部分の建設は政府と地元市民との論争により中断された。

そして1976年のポートランド市長選では、高速道路事業反対派のニール・ゴールドシュミットと賛成派のフランク・イバンシーの一騎打ちになり、高速道路建設の是非が選挙の一番の争点となった。ゴールドシュミットが再選を果たし、高速道路の建設は中止され、連邦政府からの高速道路建設予算500万ドル（当時）はライトレール、バス、主要街路の改善に充てられることになった。これが、ポートランドがアメリカのほかの都市とは一線を画すきっかけとなった出来事である。

連邦政府による4本の高速道路が完成した1980年代半ば以降、ポートランドでは新しい高速道路は一切建設されていない。そしてハーバードライブの撤去以来、アメリカの多くの都市で高速道路の撤去が行われるようになった。

トム・マッコール・オレゴン州知事の登場

前述の通り、1930年代以降の工業化に伴い、ポートランド都市圏の人口は激増した。1950年代、ウィラメットバレーには約280万エーカー（約1万平方キロ）の平坦な農地が広がっていた。しかしたった15年の間にその2割に当たる50万エーカー（約2000平方キロ）を都市の開発に奪われた。

人口の増加に伴い、街はもちろん、近郊のキャンプ場までカリフォルニアからの観光客で混みあうようになった。ウィラメット川の水は工場からの排水などによって汚染が進み、人々はその水を飲んだり川で遊んだりすることができなくなった。急激に増えた自動車や農業機械や木材加工機械からの排気ガスによって大気汚染も深刻化していった。

トム・マッコール

ちょうどその頃、一度は国会議員に立候補したものの、選挙に敗れ、オレゴン州政府で働きながら虎視眈々と再出馬のタイミングを待っていたトム・マッコール（Tom McCall）にようやく運気が回ってきた。

1964年、マッコールはオレゴン州知事への布石

ウィラメット川でくつろぐ人々

として まず州務長官に立候補し、当選。1966年には州の環境再生を掲げて州知事選に出馬し、見事に当選。第11代目のオレゴン州知事になると、すぐにウィラメット川の環境浄化や州全土の空気、水質そして土地の保全に着手した。

彼が環境保全活動で初めて実績を残したのは、民間デベロッパーからオレゴンの海岸線を守る海岸保護法案「Beach Bill」（1967年成立）である。これは、オレゴン州の人気リゾート地であるキャノンビーチにあるモーテルのオーナーが、宿泊客のために海岸に柵を立てたところ、住民から抗議の手紙と電話が州都セイラムに殺到し、オレゴンの海岸線の保護を願い出たことがきっかけだ。マッコールは、あまり乗り気でない共和党が過半数を占める州議会を説得に当たり、一気に押し切った。この法案によって、今日でもオレゴン州の海岸線584キロでは民間の開発はまったく認められておらず、市民のビーチへのアクセスが保障されている。

そしてマッコールの名を最も世に知らしめたのは、1971年に制定された「Bottle Bill」だ。自然環境をこよなく愛する彼がオレゴン州内のゴミを減らすために立案したもので、ガラス瓶のリサイクルと換金を全米で初めて義務づけた法律だった。

サステイナビリティと経済成長の両立

1993年（COP3の京都議定書が採択される4年前）、ポートランド市はアメリカで初めて地球温暖化に対する政策を打ち出した。以来、その政策ができあがるまでの2年を含め、すでに25年にわたって取り組みを続け、現在では、全米で唯一、そして世界でも稀な、人口と経済を伸ばしつつ都市圏の二酸化炭素の排出量を削減し続けている都市である。アメリカ全体の二酸化炭素排出量は1990年比で7％（2013年）増加しているが、ポートランドは14％（同前）削減したうえ、同期間のGDPは300％以上増加している。

1993年につくられた二酸化炭素削減戦略（Carbon Dioxide Reduction Strategy）から目標値は上がっているものの、4代目となる2015年地球温暖化対策実行計画（Climete Action Plan 2015）にも踏襲

1990年と比較した二酸化炭素排出量

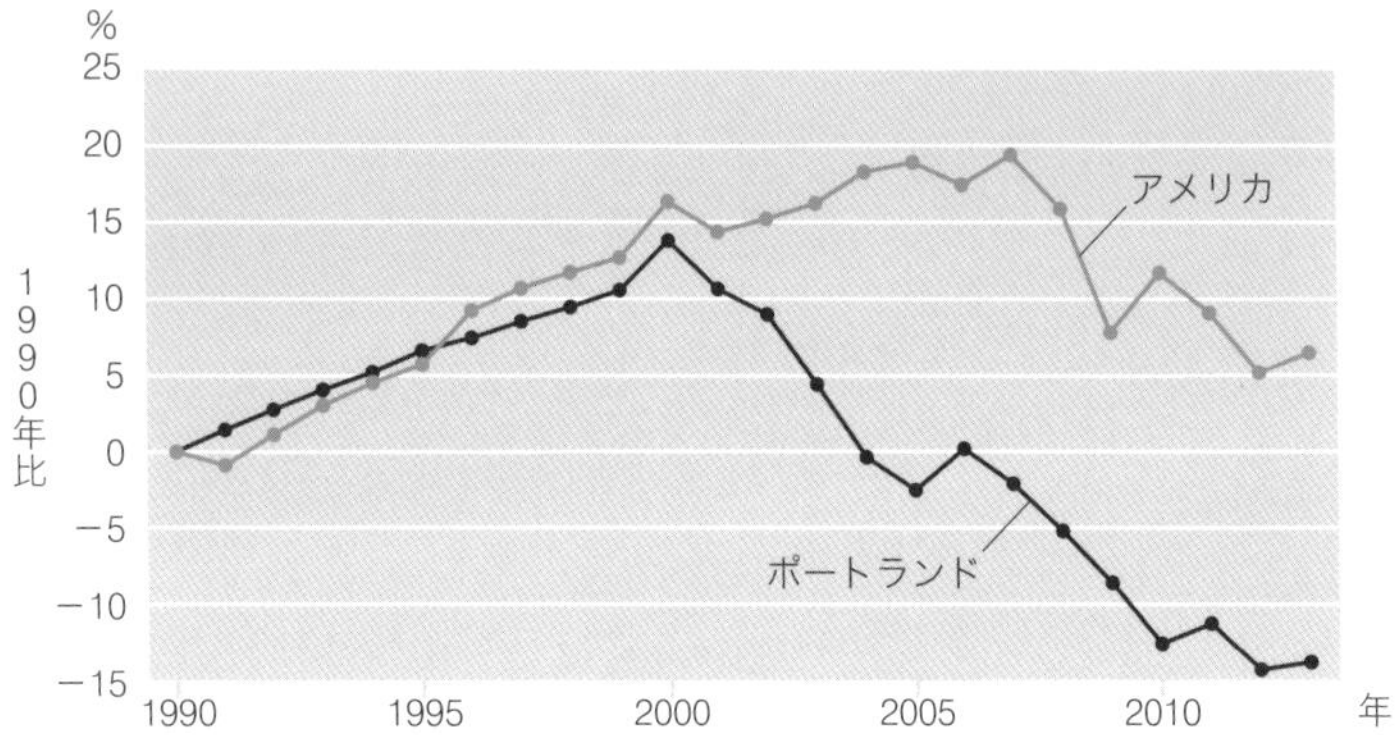

マルトノマ郡の部門別の二酸化炭素排出量（2011年の1990年比）

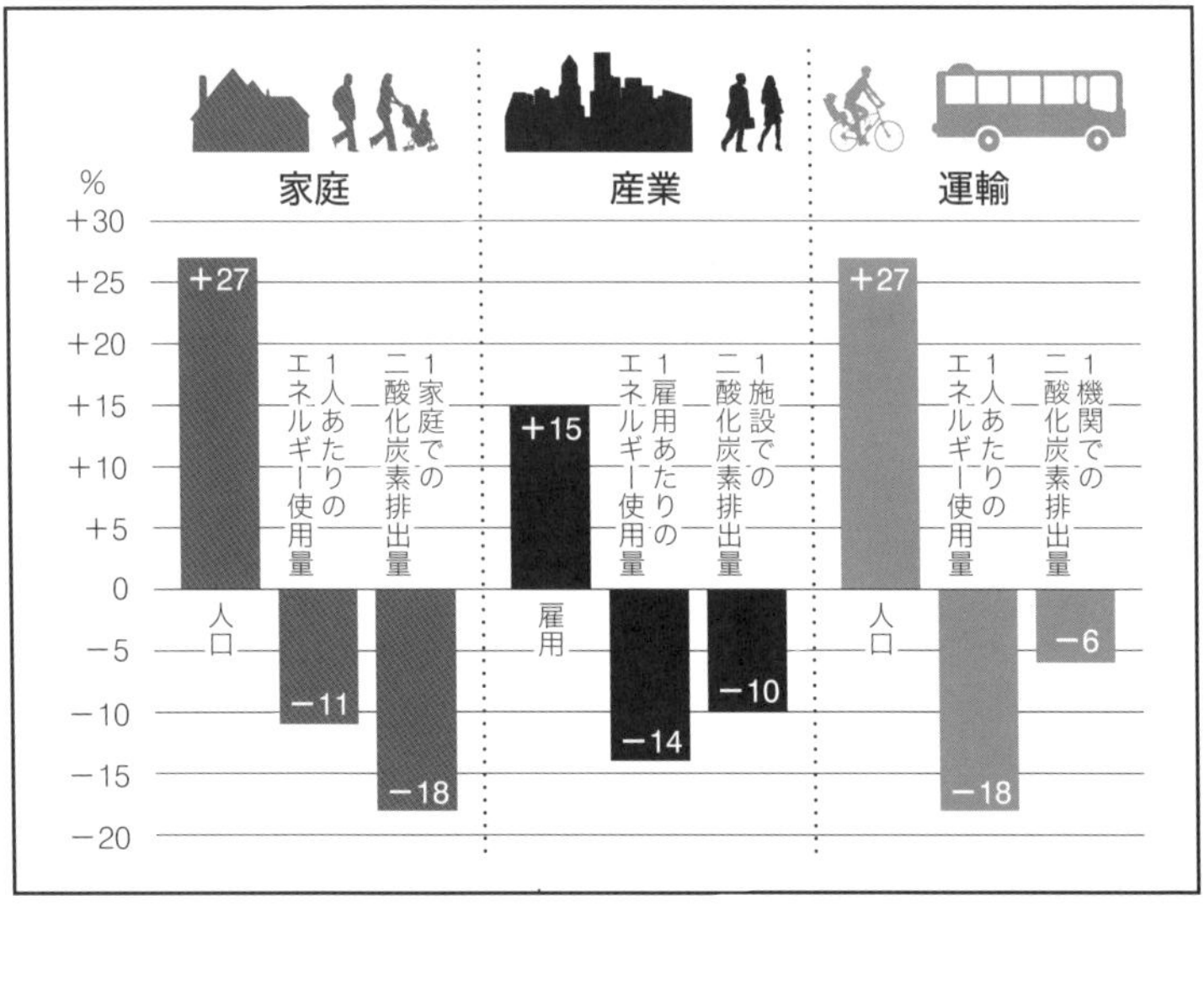

されている。

1993年当時の目標は、2010年までに二酸化炭素の排出量を1988年比で1人あたり20%削減することだった。この取り組みは大きく六つの分野に集中して行われた。

①交通：ライトレールなどの公共交通システムの拡張、歩行者と自転車利用者に便利でコンパクトな都市開発などにより、自動車の走行距離を短縮。自動車所有への増税。

②省エネ：各家庭、公共施設、商工業施設での省エネ対策へのインセンティブ。

③再生可能エネルギー：太陽光、風力発電に加え、下水処理場や埋立地を使ったバイオガス発電。

④リサイクル：ゴミのリサイクル率を26%から60%へ上昇させる。

⑤植樹：7万5千エーカーの植樹。

⑥車両の燃費基準の向上：連邦政府と連携し、自動車は45マイル／ガロン、トラックは35マイル／ガロンに設定。

こうした取り組みの結果、2010年には工業分野の二酸化炭素排出量は1988年比で39%の削減に成功し、再生可能エネルギーや環境にやさしい建築関連の産業が伸びた。PDCでは、この兆しをいち早く察知し、市の経済開発戦略の中にクリーンエネルギー産業クラスターの開発を優先する方針を盛り込み、1万人の雇用創出を目標に掲げた。

② 都市の成長をコントロールする

ポートランド都市圏は「都市成長境界線」と、それを管轄する「メトロ政府」と呼ばれる広域自治体を持つ、アメリカで数少ない都市の一つだ。都市成長境界線は目に見えるものではないが、ポートランドの景観保全と産業振興や住宅開発のバランスを保つ意味で、非常に大切な役割を果たしている。この成長境界線は、周辺の美しい山や渓谷などの自然美が損なわれることのないよう開発を一定の区域内でしか行わないことを保証し、ポートランド中心部からそう遠くない場所で農業を営み、レクリエーションを楽しめることを約束するものだ。

都市成長境界線ができた背景

1960年代の終わりから70年代にかけて、アメリカ経済は急成長を遂げた。その要因の一つが自動車産業の成長で、自家用車の大量生産により、国民は一家に1台、車を持てるようになった。自動車産業の成長とともに1940年代から高速道路の建設が推進され、1950〜60年代に州間高速道路が全土に開通し、アメリカ中を車で旅行できるようなった。裕福になった中流家庭では長い休暇を取り、自家用車で旅行することが流行し、西部のグランドキャニオン、ラスベガス、ロサンゼルスやサンフランシスコなどを何日もかけて旅することが当たり前になった。工業の発達により農村から都市部へ人口が流入し、アメリカ全域で郊外の住宅開発とそれに伴うインフラ、特に高速道路の拡張が一気に進んだ。

オレゴン州も例外ではなかった。工業の発展により自然を破壊し、ポートランドの中心部を流れるウィラメット川は全米で最も汚れた川となり、1年の半分は市内に光化学スモッグ警報が出されるほど空気が汚れた。当時州務長官だったトム・マッコールは、このままでは、これまで何世代もの間オレゴンの人々の生活を支えてきた自然を滅ぼす日がやってくると確信し、環境保護を選挙活動の争点の中心に据え、州知事に当選し、オレゴンの環境を守るための政策を次々と打ち立てた。

1969年には、農業や林業などオレゴン州の地場産業の基盤を拡大することを通じて環境保全に努めるべきだと主張し、すべての市と郡政府に対して、土地の完全なゾーニングと総合的な土地利用計画の策定を1971年末までに完了するよう義務づける法案「State Bill 10」を提出した。全米中の州が自動車社会の波に乗って高速道路や駐車場をひたすらつくり続けていた時代に、こうした法案が通ったのはオレゴン州だけである。

1973年には土地利用計画法が採択され、アメリカで初めて州内全域の土地利用計画が策定されることとなった。その基礎として州の土地保全開発委員会（Land Conservation & Development Commission、ＬＣＤＣ）が提示したのが、19項目の土地利用計画目標（左表）と各目標に対しての実行ガイドラインである。

オレゴン州内の各自治体はこの目標に沿った総合計画（Comprehensive Plan）の提出を義務づけられ、それに伴うゾーニングを策定し、実行することが求められた。そして、各自治体が州に提出した総合計画はＬＣＤＣによる審査を受けることになっていた。

土地利用計画目標

1 市民の参加
2 土地利用計画
3 農地
4 森林
5 天然資源、自然景観と歴史地域およびオープンスペース
6 空気、水と土地資源の品質
7 自然災害対象地域
8 レクリエーションのニーズ
9 経済開発
10 住宅
11 公共施設とサービス
12 交通
13 省エネルギー
14 都市化
15 ウィラメット川グリーンウェイ
16 河口域資源
17 沿岸地域
18 ビーチや砂丘
19 海洋資源

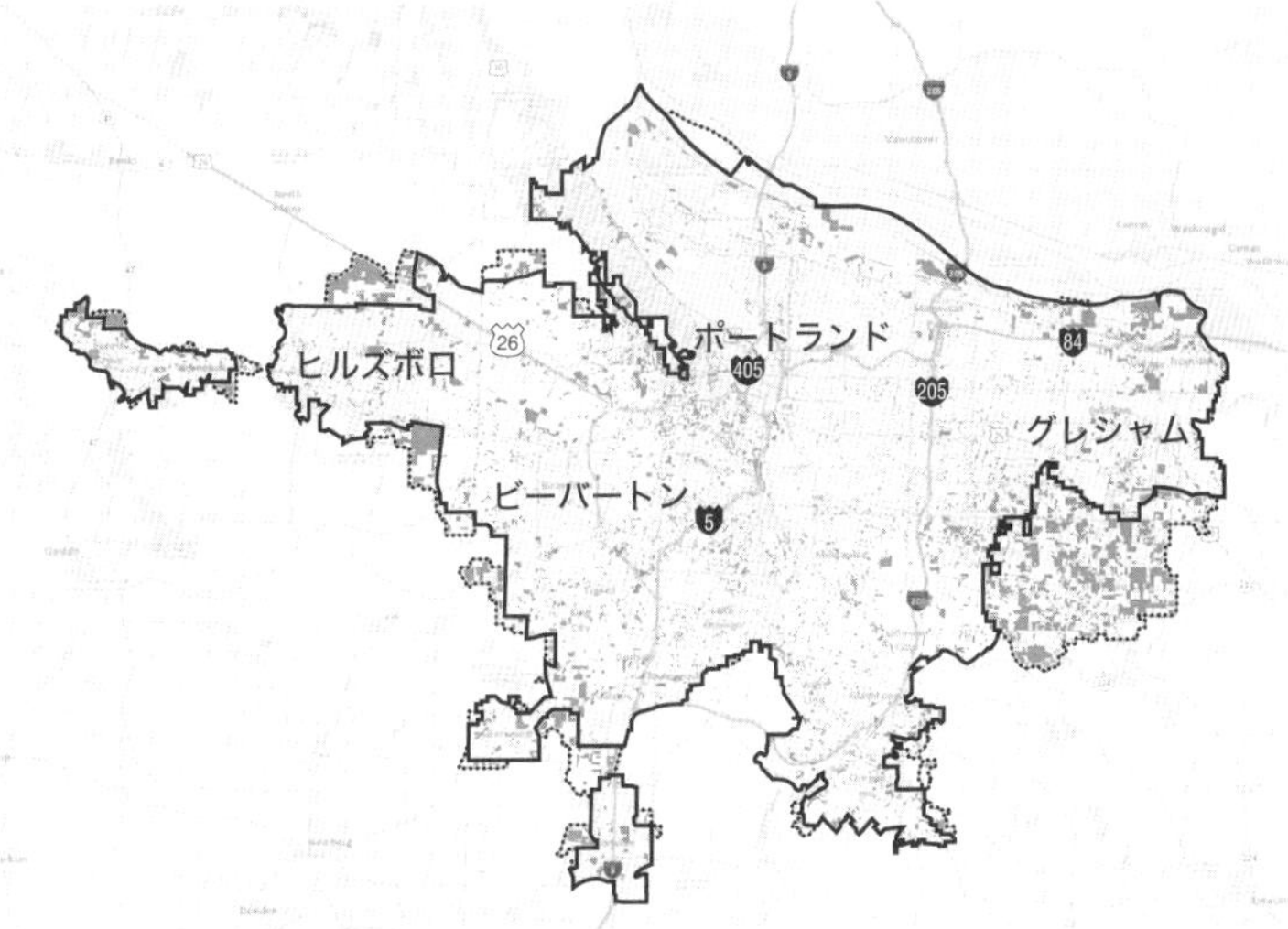

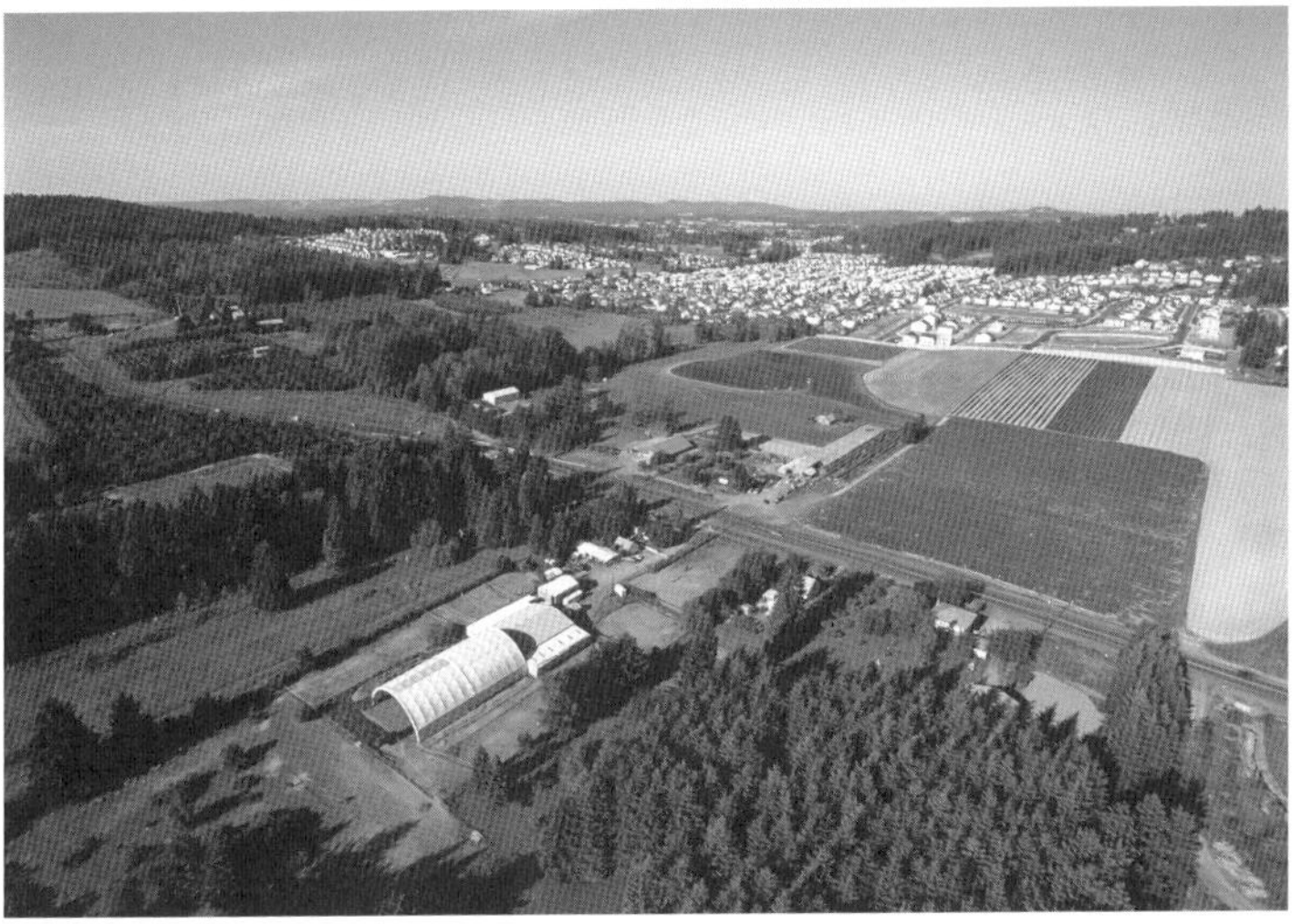

上／ポートランド都市圏を囲む都市成長境界線。実線は1979年に設定された当時、点線は2015年現在
下／ショールズ・フェリーロード付近、都市成長境界線のすぐ外の風景

そして1979年に「都市成長境界線（Urban Growth Boundary、UGB）」がつくられた。オレゴン州法のもとに、州内の各市、ポートランド都市圏には都市成長境界線を設け、都市と農村や森林部が分けられた。成長境界線の設定の1年前に都市圏の住民投票により設立されたメトロ政府（詳細は後述）が、ポートランド都市圏の都市成長境界線を管理している。メトロ政府では、住宅、商業、工業用地を20年間供給するためにUGBを拡張する必要があるか、5年ごとに見直しを実施する。

農地と自然の保護

都市成長境界線は都市開発を抑制するために設けられたと思われるかもしれないが、本来の目的は農地と自然を守ることにある。郊外に行くとそれがよくわかる。ポートランドから高速道路を西にヒルズボロ方面へ25分ほど走ると、住宅や商業店舗がいきなり途切れる。このように一目でこの境界線の存在がわかるのはオレゴン州内でもこの辺りだけ。他州の都市にも成長境界線はあるが、オレゴンのように法の強制力がある所はほとんどない。境界線の外では農家の家屋は認められるが、それ以外の居住、商業、工業用途の建物の建設は法律で認められない。

成長境界線によって守られた農地を所有する農家は50年間農業を続けられることが保障される。その間、農家は将来その土地が誰かに買われたり、土地の値段が上がって農業を営めなくなったり

New Seasons Market

することはない。農家の人たちは安心して農業を営め、都市部の住民は彼らが育てた旬の食材をレストランやマーケットで享受でき、そうした農産物を扱う市場は持続的に繁盛する。

ポートランドではここ15年ほどの間にローカルグルメがブームになっていて、地場の旬の野菜や果物を楽しむ人々が増えている。「Farm to Table」の話を農家もシェフたちも当然のように語れる。

このローカル志向をスーパーマーケットで具現化したのが「New Seasons Market」だ。パシフィック・ノースウェストで採れた旬の食材を中心に販売するスーパーで、1999年にポートランドでローカルムーブメント（地産地消）の発端となった第一号店をオープンして以来、今ではポートランド都市圏に15店舗を構える。農作物を育てるのに最適な気候と立地条件が揃い、成長境界線によって守られてきた農地が都市近郊にあり、加えて地元志向の強い市民が暮らしているポートランドだからこそ成功したスーパーマーケットだ。このように恵まれた環境はほかの都市にはなかなか見つからないため、人気と実力を兼ね備えたシェフがニューヨークやロサンゼルスなどの大都市からポートランドに集まってくる。

効果的なインフラ開発

基本的に都市開発のパターンというのは、まず既存の中心部と幹線道路でつながった郊外の安い土地に住宅が建てられていく。そうすると、その郊外の住宅地にインフラを伸ばさなくてはならなくなる。インフラを伸ばすには膨大な資金が必要になり、そのインフラを動かすエネルギーが無駄に使われることになり、自動車の使用も増える。成長境界線はこうした財政的・環境的デメリットを避ける役割を果たしている。

たとえば水道管を1本通すのに、人口密度が低い所だと数軒の住宅のために何マイルもの水道管を引かなくてはならない。建物を密集させると、同じ1本の水道管でもっと多くの家庭に水道を供給することができる。電気も、送電中に4〜6%の損失があるので、人口密度を高めれば、送電距離が短くて済み、送電ロスも少なくて済む。

成長境界線は5年に一度、メトロ政府が拡張の必要性をレビューする。地域の人口がどのくらい伸びていて、インフラや緑地がどの程度必要かといったことを分析した上で、拡張面積が決定される。そして、その人口増加の規模に見合ったインフラの開発が自治体によって進められる。過去と現在の成長境界線を比べてみると、境界線の周りに少しだけ拡張部分が見られるだけだ（89頁の図）。

成長境界線内では将来人口が増えるにつれて、土地の値段はどんどん上がっていく。投資家にとってはリスクが軽減され、固定資産を持つオーナーにとっては自らの資産価値が上がることになり、それは各自治体の税収増にもつながる。家を持っている家庭では固定資産税が少しずつ増えるが、普段の生活費には大きな変化は見られず、生活サービスの向上によって生活の質は上がる。

都市成長境界線を管理するメトロ政府

都市成長境界線はアメリカのほかの都市にもあるが、ポートランドのようには成功していない。ポートランドには成長境界線を管理するメトロ政府（Metro）が存在することが成功の大きな要因だ。

メトロ政府の管轄する区域は、三つの郡（county）と25の市にまたがっている。ポートランド市はこの25の市の一つで、オレゴン州最大の都市だ。ポートランド都市圏のメトロ政府の行政区域には

ポートランド都市圏の各行政の役割

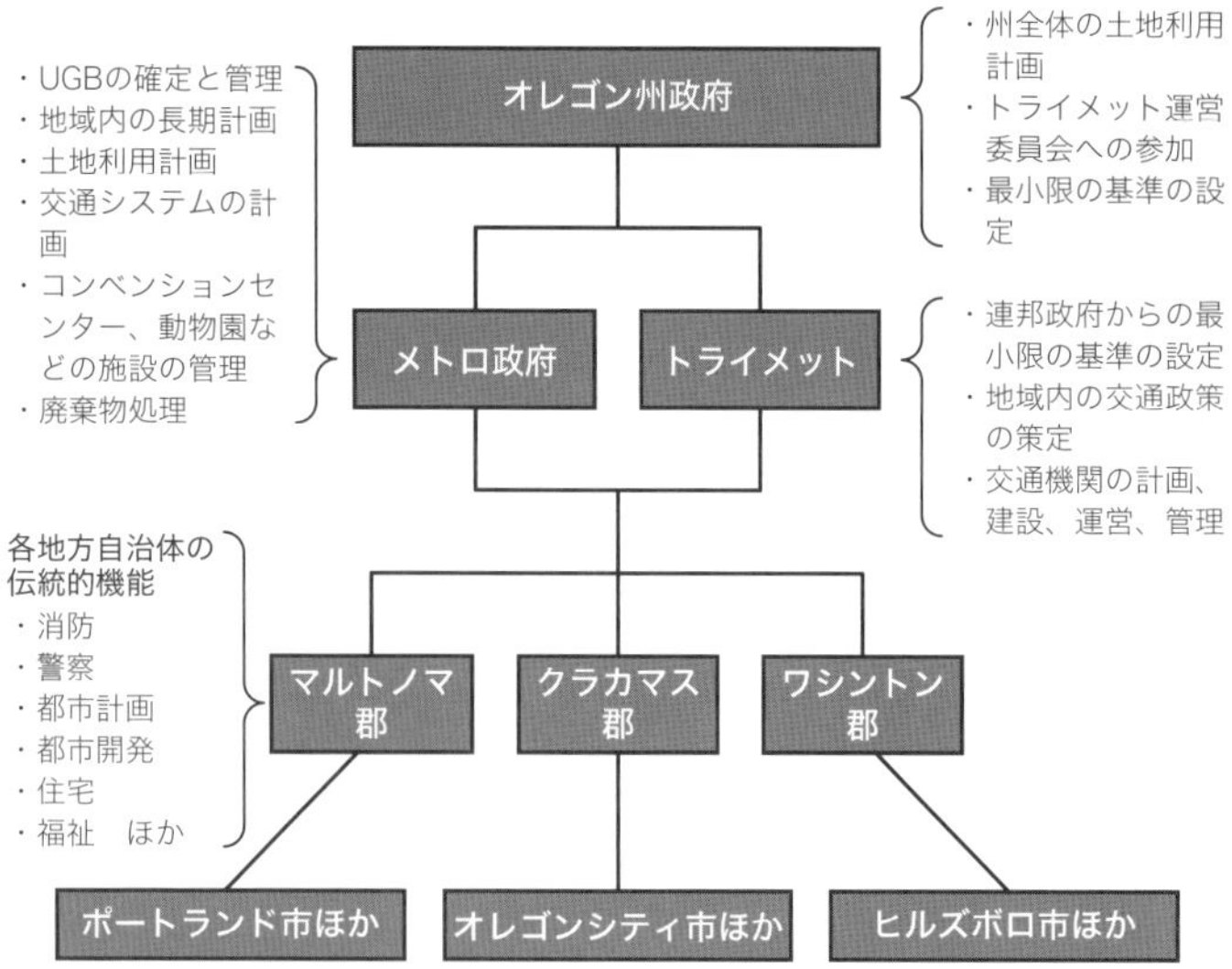

現在150万人以上が住んでおり、2035年までにさらに100万人の増加が見込まれている。

メトロ政府は1978年に住民の直接投票によって創設された広域行政体で、課税権も保持する、世界でも珍しい行政体である。メトロ政府の議会は、最高責任者であるメトロ・プレジデントと行政区域全体から選出された6人の評議員からなり、その下にパーク・レンジャー、経済学者、教師、科学者、デザイナー、都市計画家、動物飼育員や地図製作者など多種多様な職員1600人を抱えている。

ポートランド都市圏でのメトロ政府の重要な役割は大きく分けて三つある。

第一に、都市圏の土地利用と長期的な成長コンセプトを描くリーダーシップの発揮。メトロ政府は1995年に「2040年に向けた都市圏成長プラン（2040 Growth Concept）」を打ち立てた。こうしたプランづくりには高度な専門知識と経験、そして多くの市民とのワークショップを行い、無数の意見をまとめあげる統括力が必要だ。また成長境界線のマネジメントもメトロ政府の重要なミッションの一つである。

第二に、都市計画とリンクした公共交通システムの策定。この計画に則って、各都市は公共交通を主軸とした都市計画をつくり、開発や再生事業を進め、トライメットという広域の公共交通事業体がバス、ライトレール、トラムなどの運営に当たる（後述）。

そして最後に、ゴミ処理、リサイクル、緑地やオープンスペースそして生態系の保護などを包括的に捉えて計画を立て管理することにより、メトロ地域の市民に環境への意識を高めてもらうという役割である。

開発や計画のスパンでいうと、メトロ政府が20〜40年スパンの案件を扱い、その下の郡（ワシントン、マルトノマ、クラカマス）が10〜20年スパンの案件、ポートランドをはじめとする各市が5〜10年スパンの比較的短期の案件を扱う。ほかの州では、こういう市から州までの計画が効果的につながっていないことが多い。

③ 公共交通が変える街の使い方

公共交通を運営するトライメット

公共交通はポートランドの都市計画の要の一つだ。１９６０年代のモータリゼーション最盛期には多くの住民が郊外に移り住み、ダウンタウンは仕事や役所へ出向く以外に用のない場所になった。夕方以降はダウンタウンから人が消え、犯罪が増加するという悪循環に陥った。

全米中の街が郊外化し、都市の空洞化が進んでいくなか、１９６０年代終わりから70年代初めにかけて、このままでは自分たちの街が死んでしまうと、ポートランドの市民は立ち上がった。そのなかで生まれたアイデアの一つが公共交通を主軸にした都市の計画だ。

１９６９年にポートランド市議会の決議により、都市圏全体の公共交通を運営する特別公共団体「トライメット（TriMet）」が設立され、それまでバラバラに運営されていたバスやライトレール（路面電車）の事業会社が統一された。トライメットは州知事に任命された7名の役員により運営され、財源は地域住民の所得税で、２０１４年度の予算は約5億ドル。都市圏全体を視野に入れ、人口集中地域と各公共交通機関の路線を結び、ライトレールの路線を新設する際にはそれを軸にした開発を都市圏各地で進めた。

これらの長期的な交通対策により、ラッシュアワーの交通渋滞が緩和され、一酸化炭素の排出も

上／モータリゼーションによる中心部の空洞化
下／1960年代には中心部が駐車場で埋め尽くされた

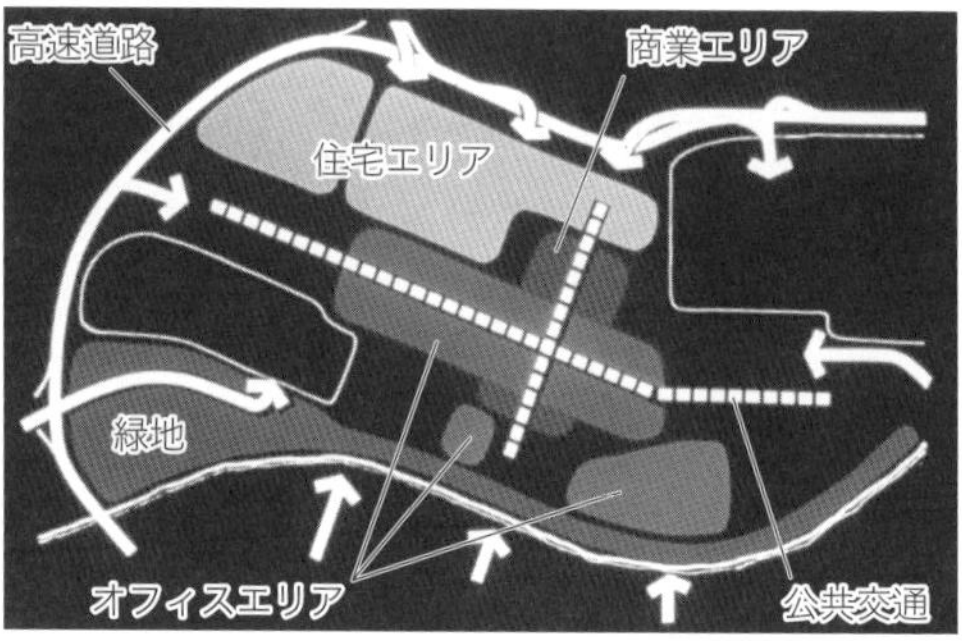

1972年に採用されたダウンタウン計画のコンセプト図

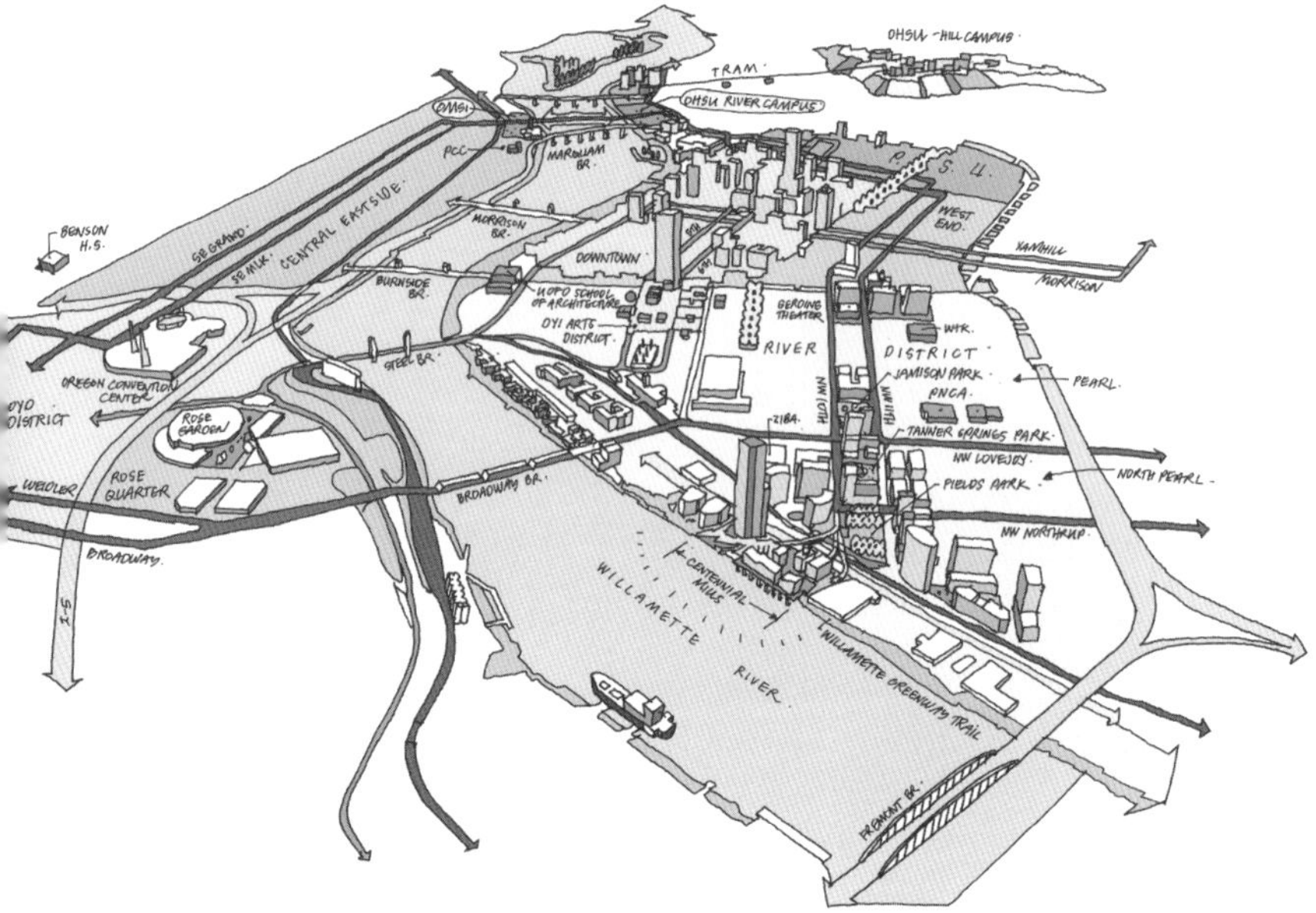

ポートランドのダウンタウン、パール、ロイド、セントラル・イーストサイド、サウス・ウォーターフロントとその周辺にある商業、オフィス、娯楽、公園、住居地区などを、主要道路、ライトレールでどのように連結するかを描いたコンセプト図

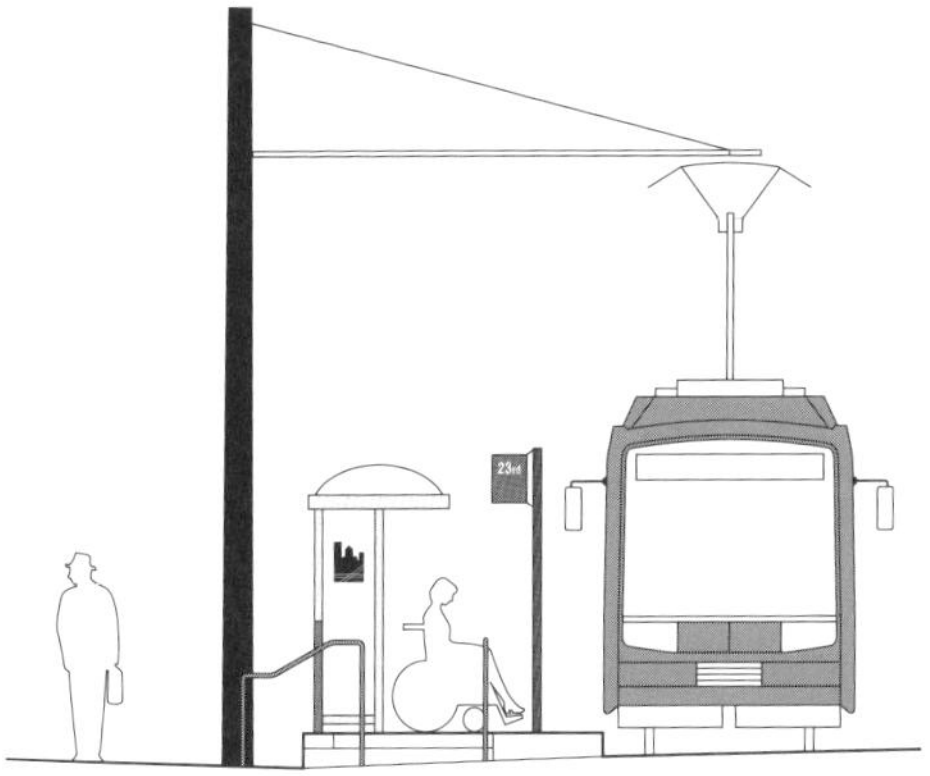

歩道と車道の間に電柱、ストリートカーの停留所、ストリートサインなどを置くファニッシングゾーンの断面図。道路空間はヒューマンスケールでデザインし、なるべく歩行者や自転車に威圧感を与えないような工夫をする。ストリートカーの線路は車道に組み込まれているので、道幅を変えたり車線を減らす必要はない

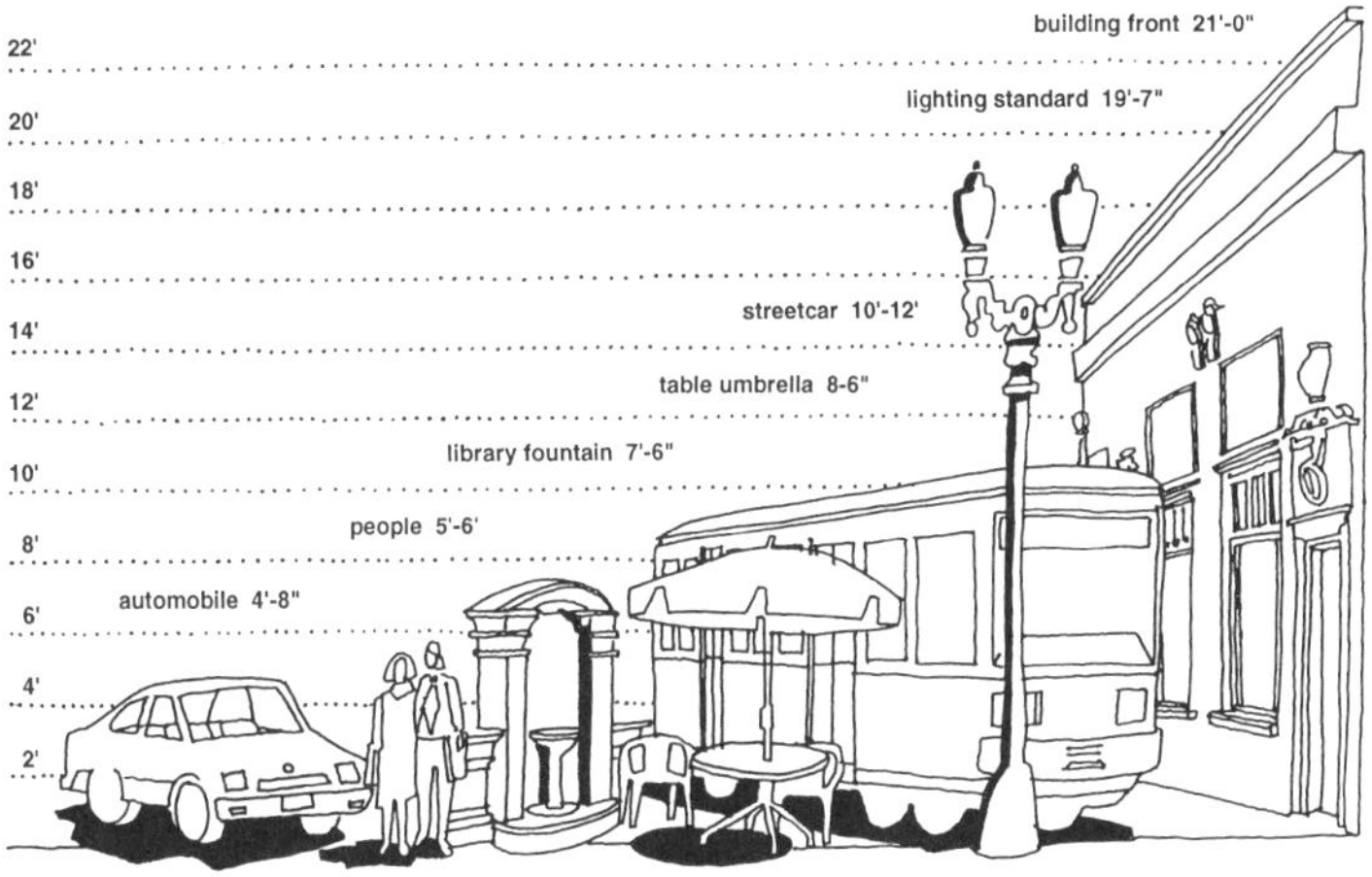

パール地区をデザインしたときに使われた道路空間にあるもののスケールを表した図。ポートランドでは歩行者が最優先

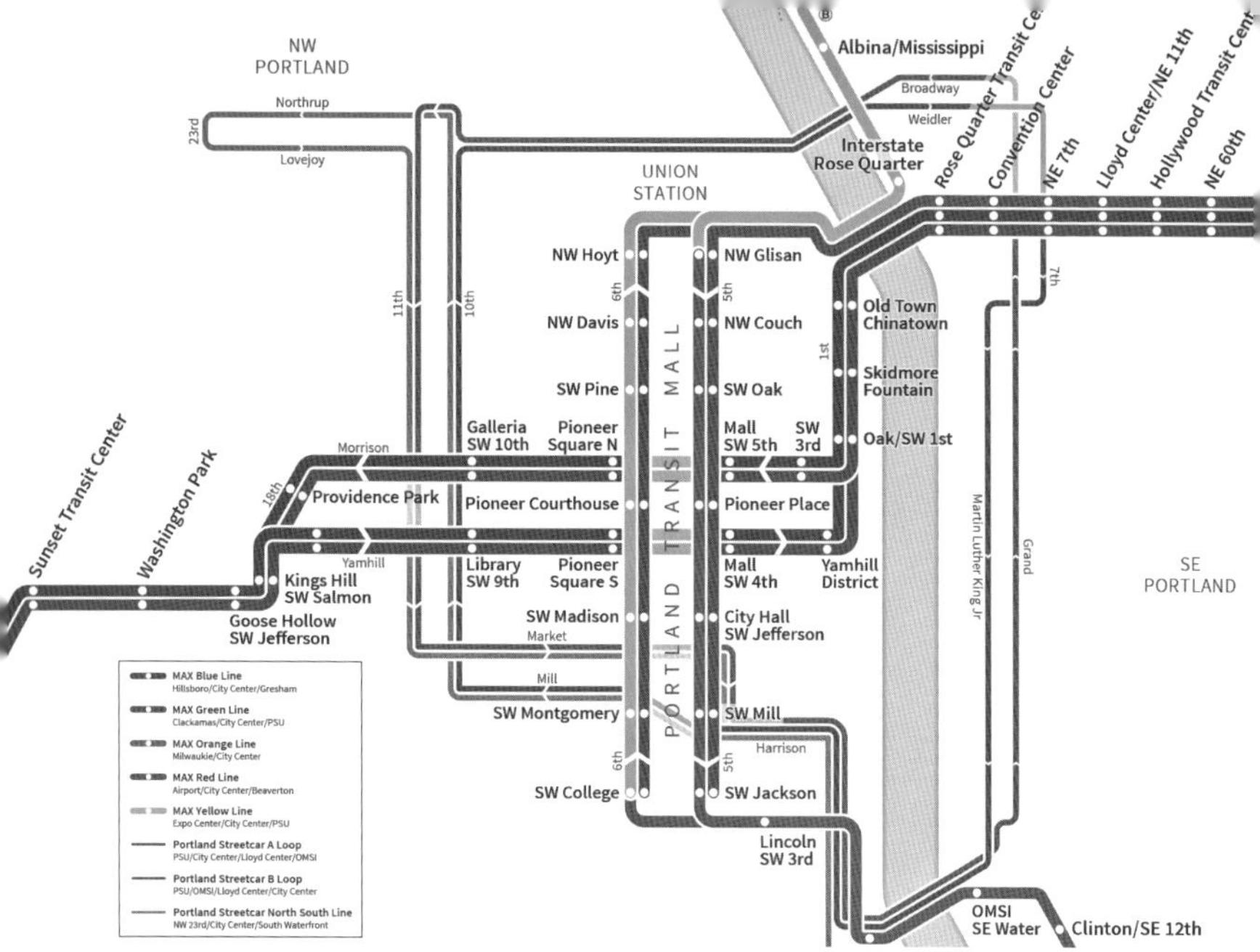

上／トライメットのライトレールの路線図
下／トライメットのバスサービスの路線図

トランジットモールを走るマックス、バス、自動車、自転車

減った。また、公共交通の利用者が増えると、駅から通りを歩く人々が増え、街に賑わいが生まれた。トライメットの統計によれば、今ではダウンタウンに通勤・通学する人々の約半分（45%、33万人）が公共交通機関を利用している。毎日数万人の歩行者がいると、ダウンタウンの見方、使い方も変わってくる。

ポートランドのライトレールには、郊外まで延伸している「マックス」と、ダウンタウンの各地区を結ぶ「ストリートカー」の2種類がある。ともにトライメットが運営していて、マックスは5路線、ストリートカーは3路線が運行されている。

ストリートカーの線路を道路に設置する際、日本では街なかに電車を通すとフェンスで囲われたりするが、ポートランドでは一般車両と同じレーンを使う。また、なるべく小さい車種のストリートカーを導入し、歩行者や自転車利用者に圧迫感を与えない工夫がされている。

全米一の自転車都市

自転車の政策は交通局のアクティブ・トランスポーテーション部が担っている。この部の目的は、歩行者と公共交通の利用者がより安全で心地よく市内道路を使用できるようにすることである。ポートランドは全米一自転車にやさしい街として「Bicycle Magazine」に表彰され、自転車通勤率もアメリカの主要都市の間ではトップである。全米サイクリスト連盟（League of American Bicyclists）によれば、ポートランドは全米で最初に「Bike Friendly Community」のプラチナ認定を受けた都市で、2003年以来この認定を維持している数少ない都市である。市内には約320マイル（約500キロ）の自転車道があり、約6％の通勤者が自転車で通う。

また、ポートランドには「自転車交通同盟（Bicycle Transportation Alliance）」という会員5千名を超えるNPOの支援団体があり、自転車交通政策のロビーイングや自転車通勤月間などのキャンペーン活動を行っている。毎年9月には1150社、1万人以上が「Bike Commute Challenge」という自転車の通勤距離を競うイベントに参加する。

約500キロの自転車道が整備され、多くの人々が通勤通学に自転車を利用する

column

INTERVIEW

ボブ・ヘイスティング

（トライメット・チーフアーキテクト）

トライメットでは約2千人強の職員が働いている。その7割がオペレーター（交通機関の操縦者）で、残りの3割が技術者だ。私はデザインマネジメント部門で、建築家、ランドスケープデザイナー、土木技師、機械整備士といった多様な職能の専門家150名を率いている。

トライメットは交通機関だけでなく、橋や公共施設のプランニングやデザインも手掛けており、外部のコンサルタントと一緒に仕事をすることも多い。私が14年前まで勤めていたZGFはよい取引相手だ。

トライメットの役割は一言で言えば、メトロと共に地域の成長をマネジメントしていくこと。

1970年代に、現在のポートランドをつくるうえで大切な出来事が三つ起こった。一つは、オレゴン州で土地利用計画法を採択し、全米初の都市成長境界線を制定したこと。次に、その成長境界線をマネジメントするメトロという広域行政体をつくったこと。第三に、そのメトロの実践部隊として公共交通を管理運営するトライメットをつくったこと。

戦後、自動車産業の成長によって、公共交通の機能は大幅に低下した。利用者が減少した民間の交通機関は破綻し、公共セクターに吸収された。公共に経営が変わっても、乗客が求めるサービスを提供することは変わらない。そのために、多様な技術者が組織に必要とされる。

ポートランドの公共機関は、同じ規模の都市に比べて、建築家、デザイナー、プランナーなど多様な技術者の数が多い。重要なことは、数が多いことではなく、物事を決めるプロセスも他の都市とは違うということだ。

市民は選挙で市長や議員を選ぶが、同時に政府や公共機関の指図を受けずに、自主的に活動する。逆に、市民の間で共有されているビジョンが政府や公共機関を動かすことも多い。

ここでは、事業を進めていくうえで、大多数の意見が重要なのではなく、市民の意見を集めて議論するプロセスをつくる力が重要なのだ。市民からの問いや要望に答えを提案し続けて一つの結論へ導く、そのプロセスが、市民参加型の民主的社会をつくりだしている。

市民参加型の事業として、不動産オーナーらによる「LID」というしくみがある。彼らは少額の負担金をダウンタウンの改善費用として集め、それをレバレッジにして連邦政府から補助金を獲得し、地域の開発に充てる(5章参照)。

また民間と公共が線引きを曖昧にして街の魅力を高めることもある。たとえば我々は民間のビルオーナーに所有するアート作品を歩道のそばに設置して歩行者が楽しめるよう交渉したりもする。ポートランドの街を彩るアートは都市デザインの一部として捉えられており、トランジットモールでは地域芸術文化評議会が街のアート作品を管理している。

我々だけでは対処しきれない課題もある。たとえば歩道沿いのオープンカフェは、以前は存在しなかった。我々は市の交通局に歩道を社会的な活動に使うことを許可するよう何度も働きかけた。クリアするにはとても労力と時間がかかったが、今では街の日常風景になっている。

ポートランドは、オレゴン州の中で最も不況を免れた都市だ。市街地の建物の賃料は下がらなかったし、トランジットモールは他のどの街よりも賑わい、実際、多くの人々が他の都市から移住してきた。これは決して偶然起こったことではなく、ポートランドの住人が公共空間について真摯に関わってきた結果だ。小さな個々の投資が街に大きな利益をもたらす、市民参加と合意形成の文化がここには息づいているのだ。

④ 都市計画の策定プロセス

ポートランド市の長期総合都市計画（Comprehensive Plan）は、都市計画および環境対策局（Portland Bureau of Planning and Sustainability、以下、都市計画局）が担当している。長期総合計画は各都市が作成し、オレゴン州に提出し、それが州全体の土地利用計画となる。この局には都市計画家、アーバンデザイナー、ランドスケープデザイナーのほか、環境科学者や弁護士までかなり高い技能を持つ専門家が働いている。

２００８年から、都市計画局がポートランドの街の基礎となる長期総合計画の更新を始めた。この更新は数段階のプロセスを経て２０１５年にようやく実行段階に移った。彼らがまず初めに着手したのは、街の「長期ビジョン（Vision PDX）」の策定。このビジョンは２００５年から3年にわたって、市民1万7千人を巻き込む大掛かりなもので、当時、全米最大の都市計画事業として話題になった。そのビジョンをもとにつくられた「実行計画（The Portland Plan）」（２０１２年）には25年後を見据えた政策の変更や強化、そして5年ごとの実行計画も盛り込まれた。実行計画をつくるにあたり、土地利用、交通、公園、上下水道、自然資源などの項目に分けて大量の情報分析と調査が行われた。

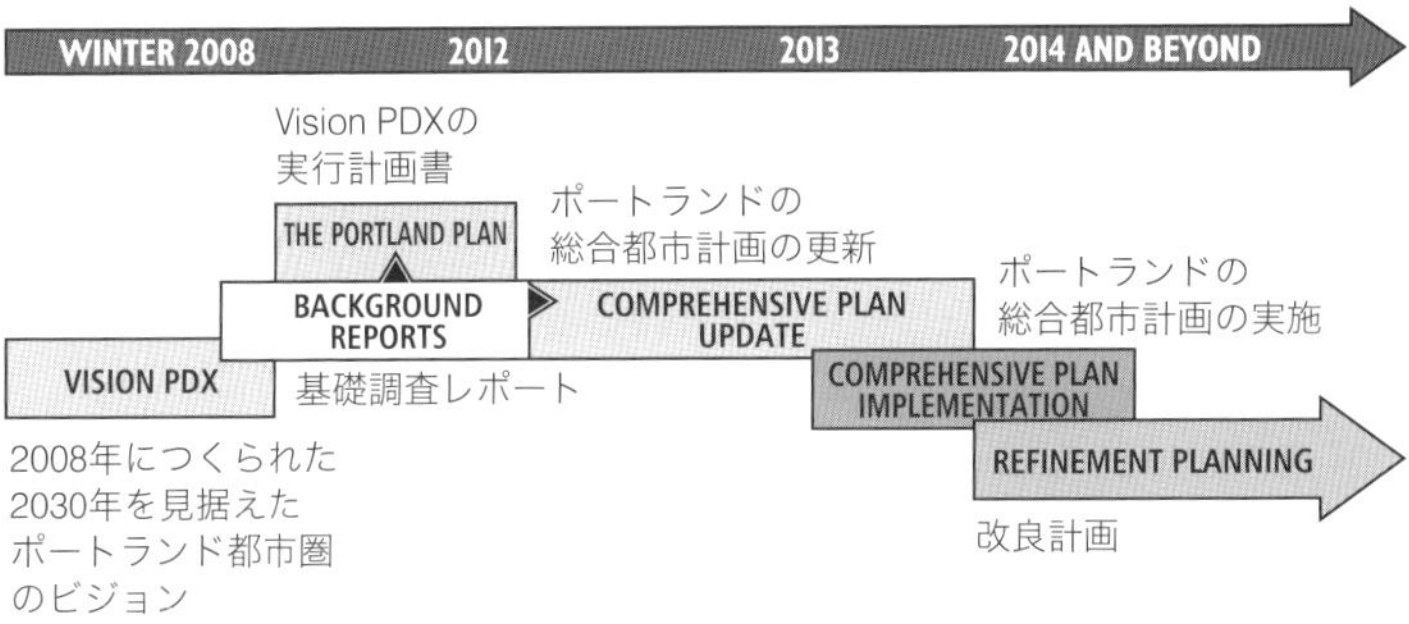

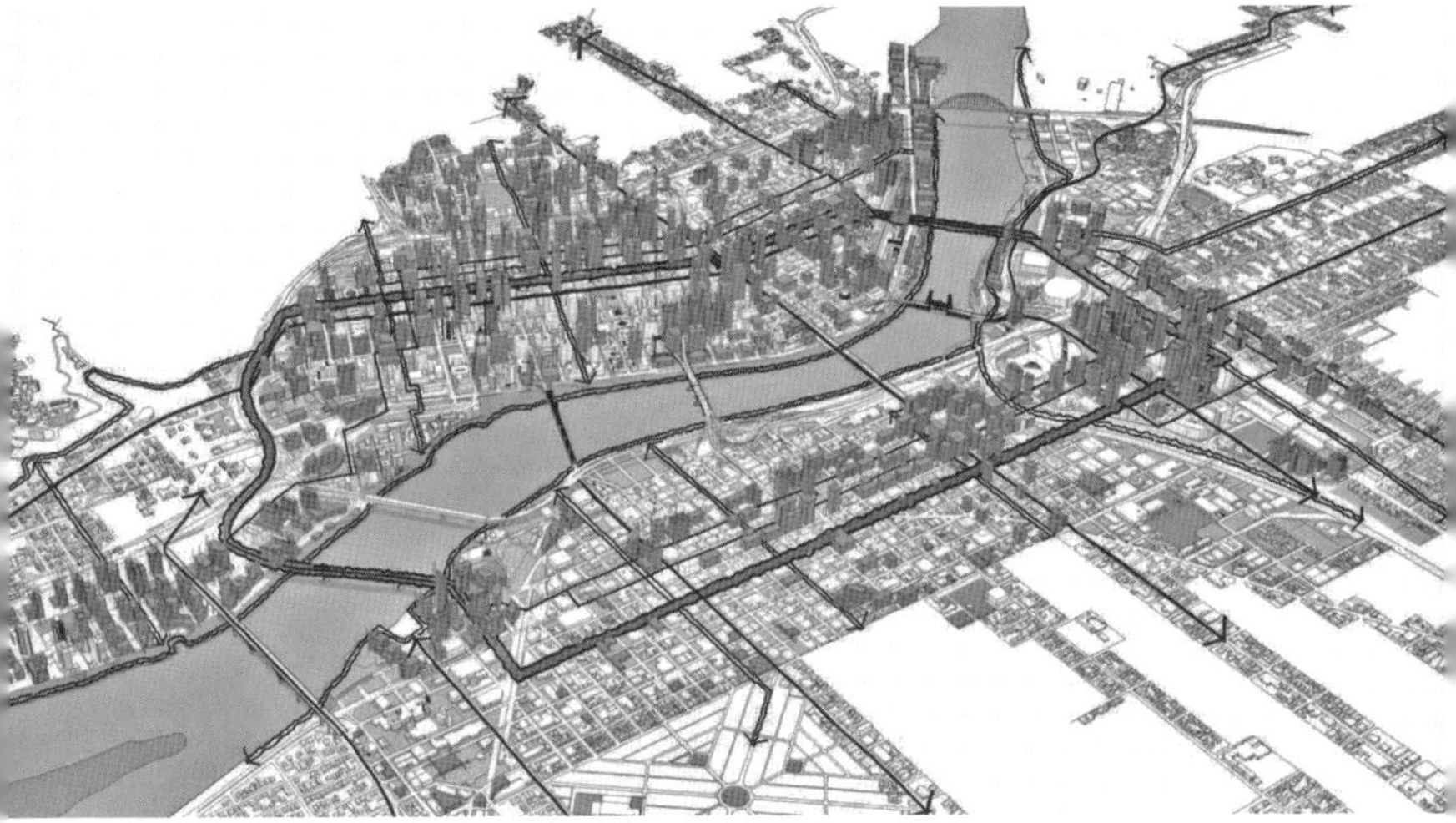

上／ポートランドの 2035 年を見据えた総合都市計画づくりの流れ。まず大枠のビジョンを掲げ、実行計画をもとに優先順位をつけ、総合計画に反映するまでに約 6 年かけている
下／都市計画局が進めている長期都市計画「セントラルシティ 2035」の予想図。歩行者と自転車優先の環状線「グリーンループ」がダウンタウンと川の東側をつなげる

それらのレポートをもとに、さらに約3年間、各分野（PDCや各部局の職員を含む）の政策の専門家や技術者、そして市民とのワークショップを経て、「2035年に向けた総合計画（2035 Comprehensive Plan）」ができあがった。この計画では五つの目標（経済的繁栄、健康、環境保全、フェアな社会、レジリエンス（災害などからの復興力））が示され、将来のゾーニングやインフラ設備設計のガイドとして使われる。そのなかにはいくつかの主要な開発・再開発事業も示されており、そのうちのいくつかはPDCが指導またはサポートとして関わることになる。

また現在、都市計画局が進めているポートランド中心部の長期都市計画「セントラルシティ2035（Central City 2035）」では、セントラル・イーストサイドからロイド地区、パール地区、ダウンタウンにかけて建物を増やすと計画されている。建物の高さと容積率の制限は人口の増加に伴い緩和されてきてはいるが、よく比較されるサンフランシスコやシアトルに比べると相変わらず高層ビルは少なく、中層の建物が多い。またオープンスペースを大事にしているポートランドらしく、ウィラメット川を囲むように環状のグリーンループが計画されている。そして計画されている多くの建物には、足元には商業、中層にはオフィスやホテル、建物の上層にはアパートやコンドミニアムが入ることになるだろう。

Portland

4章

草の根の参加を支える ネイバーフッド

① 市民や企業が参加する都市開発のしくみ

合意形成のルール、住民参画のしくみ

ポートランドでは、地域のちょっとしたミーティングやワークショップでも若者から老人までが参加し、文句だけでなく、建設的な意見も言う。たとえば「この通りはパーキングが多すぎて歩きづらい」と言うのではなく、「この界隈にはこれだけ人が集まるから、お金をかけて地下パーキングにして店の門構えをきれいにしよう」といった意見を学生から聞くこともある。

政策を変える権利があると自覚し、積極的に意見を言うモチベーションを持つ住民が数十人、数百人と増えると、その街が変わりはじめる。そして皆で議論して完成したプロジェクトは長く愛される。

長期的な視点でリスクを冒しながらでも上手く舵を取る行政や開発業者のリーダーシップ、人々の間に入り、その街のストーリーをまとめるファシリテーション、そして市民1人1人が街に誇りを持ってよくしていこうとする意欲。これらが草の根のまちづくりには必要不可欠だ。

ポートランドでは街の決め事をするときは、かなり早い段階から市民の意見を聞く。まさに「住民参画型の合意形成」だが、その形態は多種多様で、たとえば長期都市計画と地区開発計画では住民の参加の仕方もずいぶん違う。

日本でよく聞くのは、行政が建築業者と計画を大方まとめた段階で市民に対して説明会を開くという形式的なものだ。

ポートランドでは住民と行政が本当に平等な立場にあり、しかも合意形成の際は住民（community）、行政（government）、事業者（businesses）と大学や病院などの公共機関（institutions）の四者の利害を分けて話しあう。

ここでポートランドの地区再開発計画（Master Plan）ができるまでの典型的な住民参画のプロセスを簡単に紹介しよう。

まず、ＰＤＣが荒廃地域と認める地区の枠決めが行われる。ここではある地域が経済的に滞り、ＴＩＦ（5章参照）の資金によるＰＤＣの介入が不可欠であることを、その地域の固定資産税収の変

合意形成におけるステークホルダーの関係

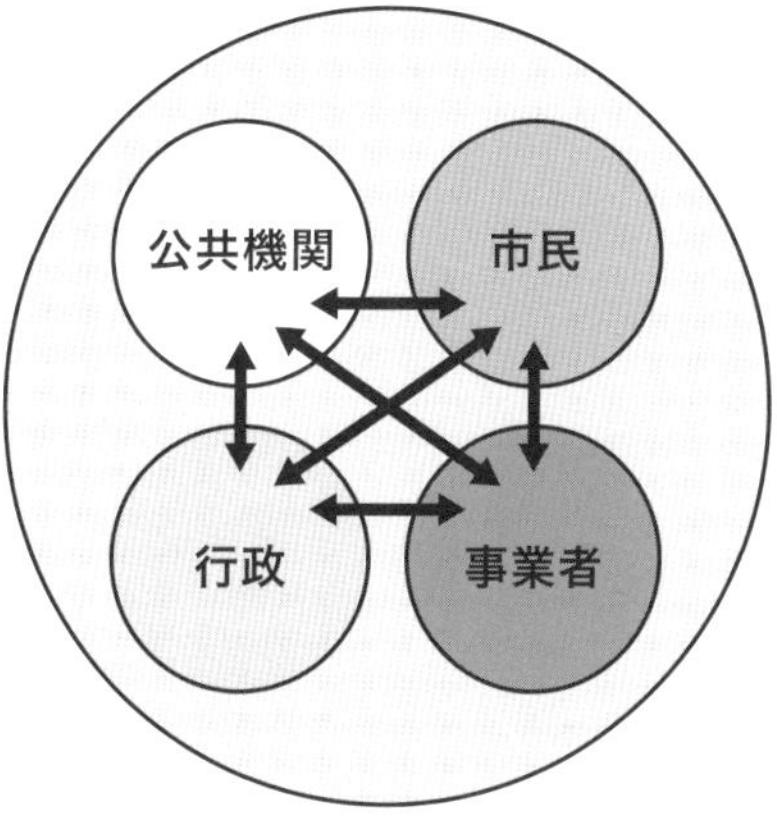

化、住民の平均収入、失業率や商業建物の空き室率といった数値により証明する。その時点でTIFの資金規模が算出される。

計画を始めるにあたり、最初に二つの委員会をつくる。一つは地域住民やその地域にいる事業者、大学や医療機関、NPOなどの利害関係者の会。これは開発対象地域とその周辺のネイバーフッド・アソシエーション（後述）やPDC、開発事業期間に住民が意見を書き込めるよう設置されたウェブサイト、地域のコミュニティセンターやコーヒーショップなどを通して告知される。もう一つは交通、公園、水道、開発、環境、住宅、警察、消防、トライメットなど、この地域の開発に関わる行政部局など専門家たちによる委員会である。

その後、インターネット調査や数回のデザイン・ワークショップの中で、開発の目標、方向性や長期総合都市計画との関係を説明し、その地域の再開発に対する課題やアイデアを募る。デザイン・ワークショップには必ず前述の四者の利害関係者が揃うようにし、議論をまとめるファシリテーター（主に都市計画の専門家や建築家、またはプロのファシリテーター）がディスカッションをオペレーションする。デザイン・ワークショップは、事業の規模や地域によって異なるが、毎回20〜30人（多いときは50人を超えることもある）の参加者を見込んでいる。

1回目のワークショップでは、次の五つの主題についてディスカッションする。

①住民や市域利用者が必要とするコミュニティ・サービスやアメニティ

②交通機関、自転車などの輸送手段
③土地利用
④地区の特徴をどう活かすか
⑤省エネ、環境改善を図るための地区規模のシステム

ディスカッションから出てきたアイデアは事業地域の地図上に描かれ、その場で視覚化される。

2回目のワークショップでは、グループごとに議論した内容を他グループに報告し、それらのアイデアの長所、短所、可能性や課題の分析をし、デザイン基準をまとめる。こうしてできあがったスケッチとまとまったアイデアは開発コンセプトとして仕上げられ、ウェブサイトやオープンハウスなどのイベントを通じてより多くの地域住民と共有され、さらに意見を集めて開発計画の草案ができあがる。

3〜5回目のワークショップでは特筆すべきアイデアと開発コンセプトをさらに詰め、そのコンセプトについて参加者にアンケートをとり、利害関係者やコミュニティのメンバーの意見を聞きとる。さらに、各アイデアの政治的、財政的な実現可能性と、実現した場合のコミュニティへの影響をもとに優先順位をつける。この結果、上位に残ったアイデアがこの地域の主要プロジェクトになる。将来必要となる協力可能なパートナーの役割を明確にするとともに、どうすれば主要プロジェクトを成功に導けるかについて話す。

デザイン・ワークショップでは参加者からのアイデアがその場で描かれ視覚化される

その後、予算や工程管理表などの詳細を仕上げ、地区再開発計画書が完成し、ＰＤＣの役員会議や市のデザイン評議会へと提出される。

20年後の街を描くデザイン・ワークショップ

「ウェスト・クアドラント・プラン（West Quadrant Plan）」は、ポートランド中心部の長期都市計画（Central City 2035）を、北西、南西、北東、南東の四つの地区に分けたエリアの一つ（計画中に住民の意向により、北西部と南西部が合併）で、ウィラメット川の西側のサウス・ダウンタウン、ウェスト・エンド、グースホロー、オールドタウン・チャイナタウンとパール地区が含まれる。

２０３５年に向け、この地域の将来像となるコンセプトを描くために、市は各地区で1週間かけてデザイン・ワークショップを開き、都市計画局の職員、地権者、地域住民がともに、どうすればこのエリアがイノベーティブに発展していけるか、経済、交通、文化、教育などの点からアイデアを出しあった。そして議論の末にできあがったコンセプトを既存の政策や条例と照らし合わせ、どのルールをどのように改善すべきかを議論し明確にした。

18カ月かけて累計で約２２００名の市民が参加したこのワークショップで、住民が求めている街の理想の姿を示すコンセプトができあがった。それはウィラメット川によって物理的にも心理的に

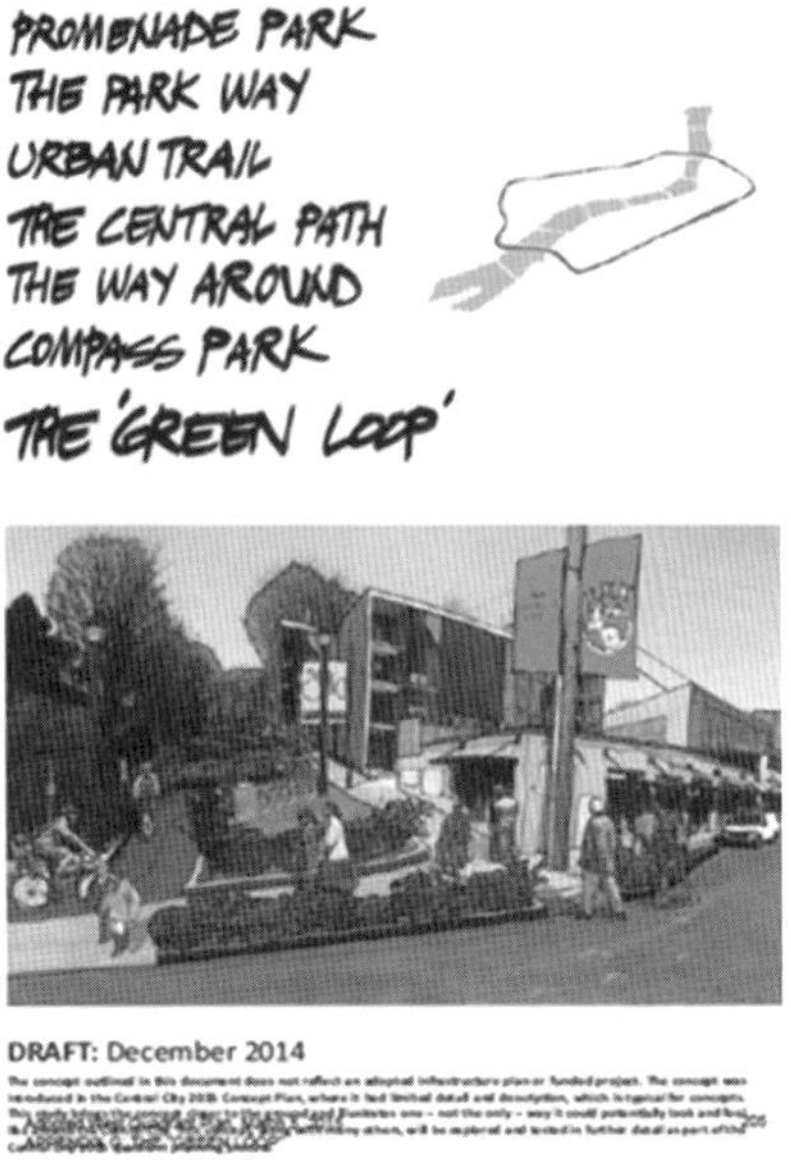

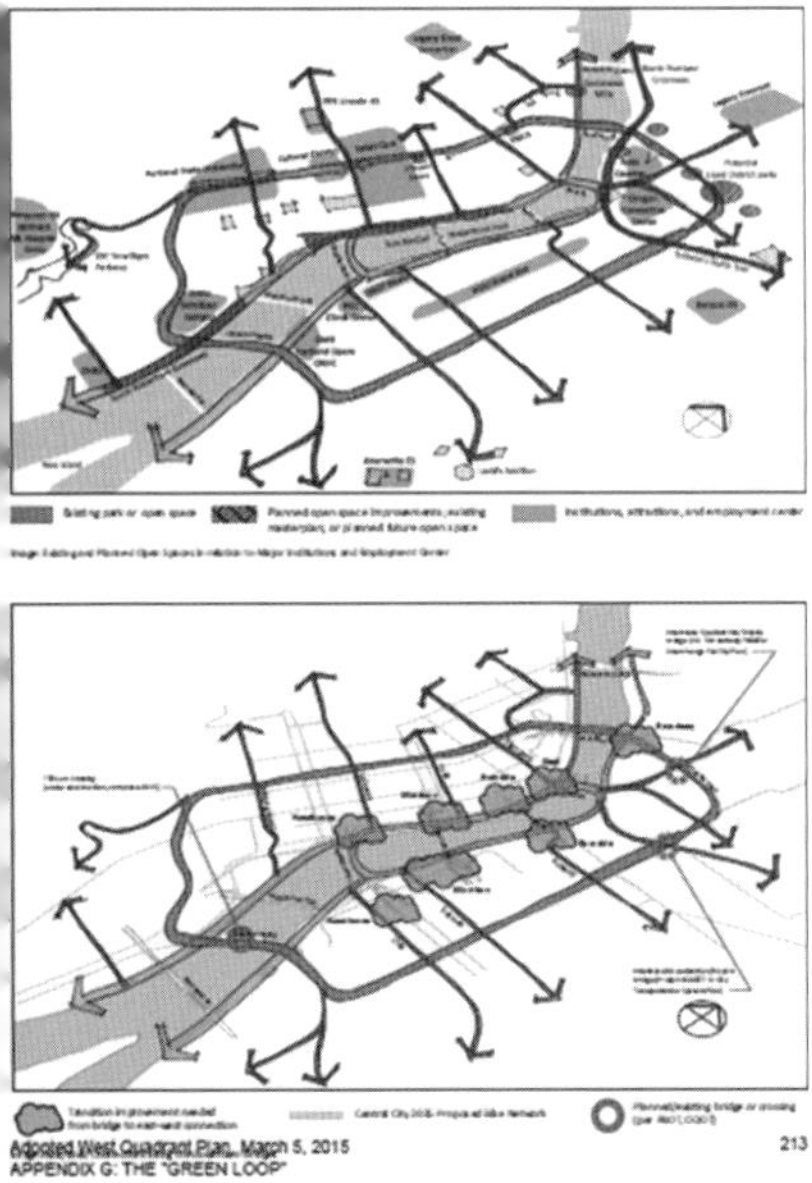

ウェスト・クアドラント・プラン。市内中心部の西側が、ウィラメット川の対岸地域と自動車進入禁止の緑に囲まれた散歩道（グリーンループ）によってつながるようデザインされた（上左）。グリーンループの定義（上右）、グリーンループと周辺地区とのつながり方（下左）、既存の公園をどのようにつなぐかを示すコンセプト図（下右）

も分離されている対岸地域をつなぐようにデザインされた「グリーンループ」だ。文字通り緑に囲まれた散歩道で、自動車の進入は禁止されている。

グリーンループの主要な目的として、以下の六つが示された。

①健康の向上：住人や就労者の何気ない移動を歩行や自転車に代えることにより、生活の質や労働の生産性を向上する

②公園をつなぐ：公園や緑地はダウンタウンの限られた資源であり、それらを上手く連結させることによりダウンタウン全体の価値を上げる。

③ビジネスの支援：グリーンループの採用により地域ビジネスとのつながりを強化する。

④トレイルの増加：よりシンプルで明確にデザインされた歩道や歩行経路の開発により、ポートランドの街全体の「歩きやすさ」を推進する。

⑤自転車利用の奨励：グリーンループは２０５０年に向けた「自転車交通総合計画（Bicycle Plan for 2050)」の実行計画の一つであり、ダウンタウンへの自転車通勤に興味はあるが何らかの原因で実現できていない市民のために安全な自転車道を開発する。

⑥サステイナブルなインフラと環境建築の促進：グリーンループは歩道沿いのあちこちに目につく美しい環境建築、最先端のビオトープなどの環境インフラ、そして今後増えていくであろう都市型の生態系を形成する。

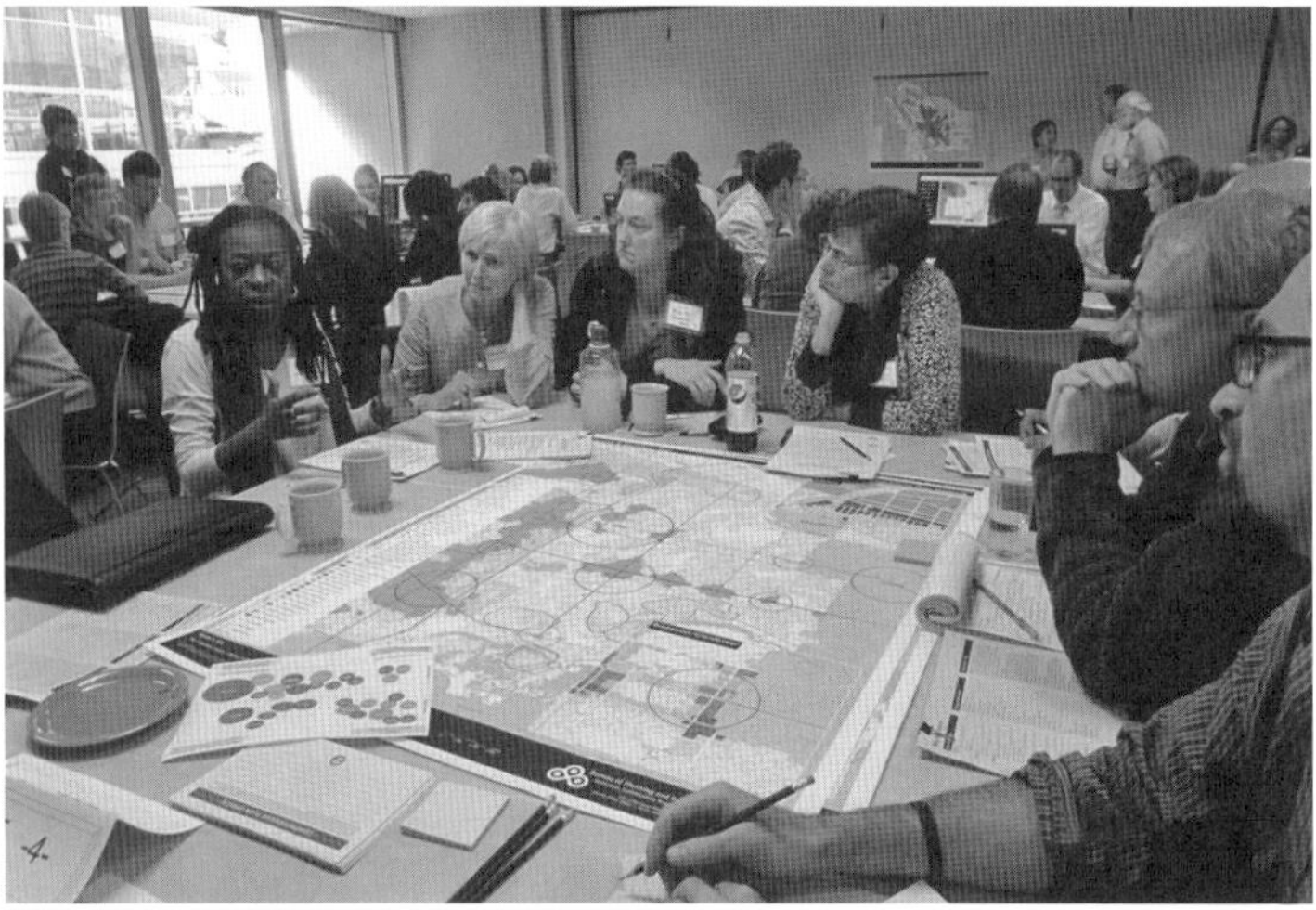

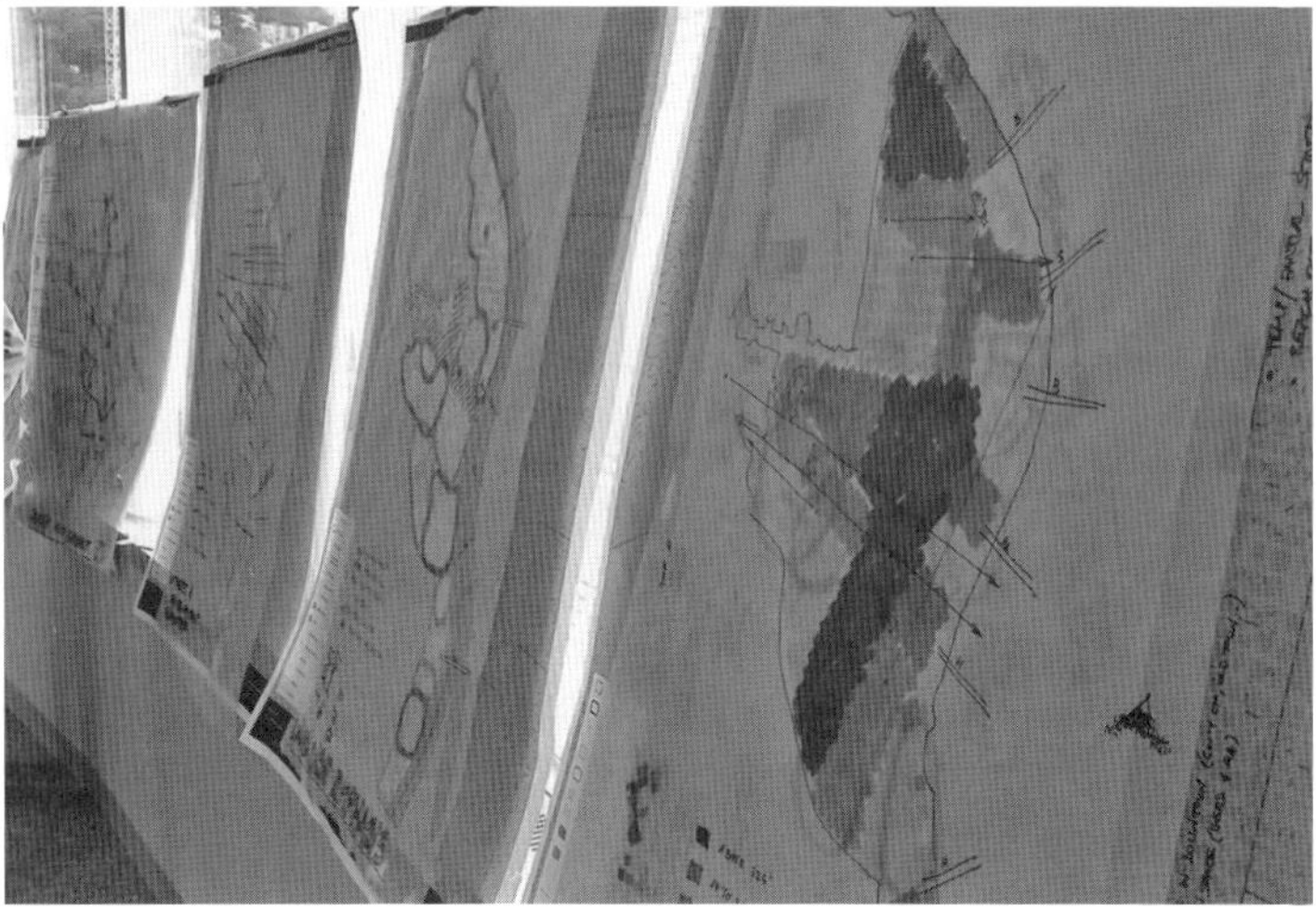

ウェスト・クアドラント・プランのデザイン・ワークショップの様子（上）、作成された図面（下）

これらの目的をふまえ、各地区で既存の公園とグリーンループをどのようにつなげるべきかが計画され、できあがった計画は2015年に市議会に承認され、実用化された。

2 草の根の活動を支えるネイバーフッド・アソシエーション

町内会との違い

ポートランドには「ネイバーフッド・アソシエーション (Neighborhood Association)」という最小単位の近隣活動組織がある。日本の町内会と似ているが、いくつか大きな違いがある。

一つは組織の位置づけ。日本の町内会は地域住民による非公式の自主組織だが、ネイバーフッド・アソシエーションは市に認められた唯一の公式近隣組織である。各アソシエーションで明確な地区の境界線と役割を持ち、市から年額約3千~5千ドルの活動予算とさまざまな支援が受けられる。

二つ目の違いは、組織に加入する際、日本の町内会はその地区内に住んでいるという理由から家族単位でほぼ自動的に加入することになるが、ネイバーフッド・アソシエーションは個人単位で加入でき、あくまで志願して申し込みをする。もちろん会費も払う。

三つ目は活動内容。ネイバーフッド・アソシエーションは、日本の町内会が一般的に行う地域の環境美化、防犯・防災活動、住民間の親睦など、地域のまちづくり活動全般および行政依頼事項への協力などに加え、地域の土地利用計画（ゾーニング）、ネイバーフッドプラン（都市計画）の策定、市の予算編成への参加、歴史的建物の保存活動、低所得者向け住宅の開発・提供の提案なども任されている。

市が、アソシエーションを通して市民に多くの権限を与えることにより、市民自身に各近隣地区のマネジメントに責任が生じ、その結果、市の職員のコストが削減される。

ポートランドのネイバーフッド・アソシエーションの起源は、1960年代の終わりから70年代の初めにかけてレアーヒルの近隣住民が集まりを組織化して、PDCが立てた地域の再開発計画への反対運動を始めたのがきっかけとされている。ただ、各地域で組織の成り立ちはバラバラで、たとえばサウスイーストでは既存の学区ごとにアソシエーションがつくられる。

コミュニティづくりの基盤

ポートランド市は七つの地域に分割され、各地域では非営利の地域連合がその地域内のネイバー

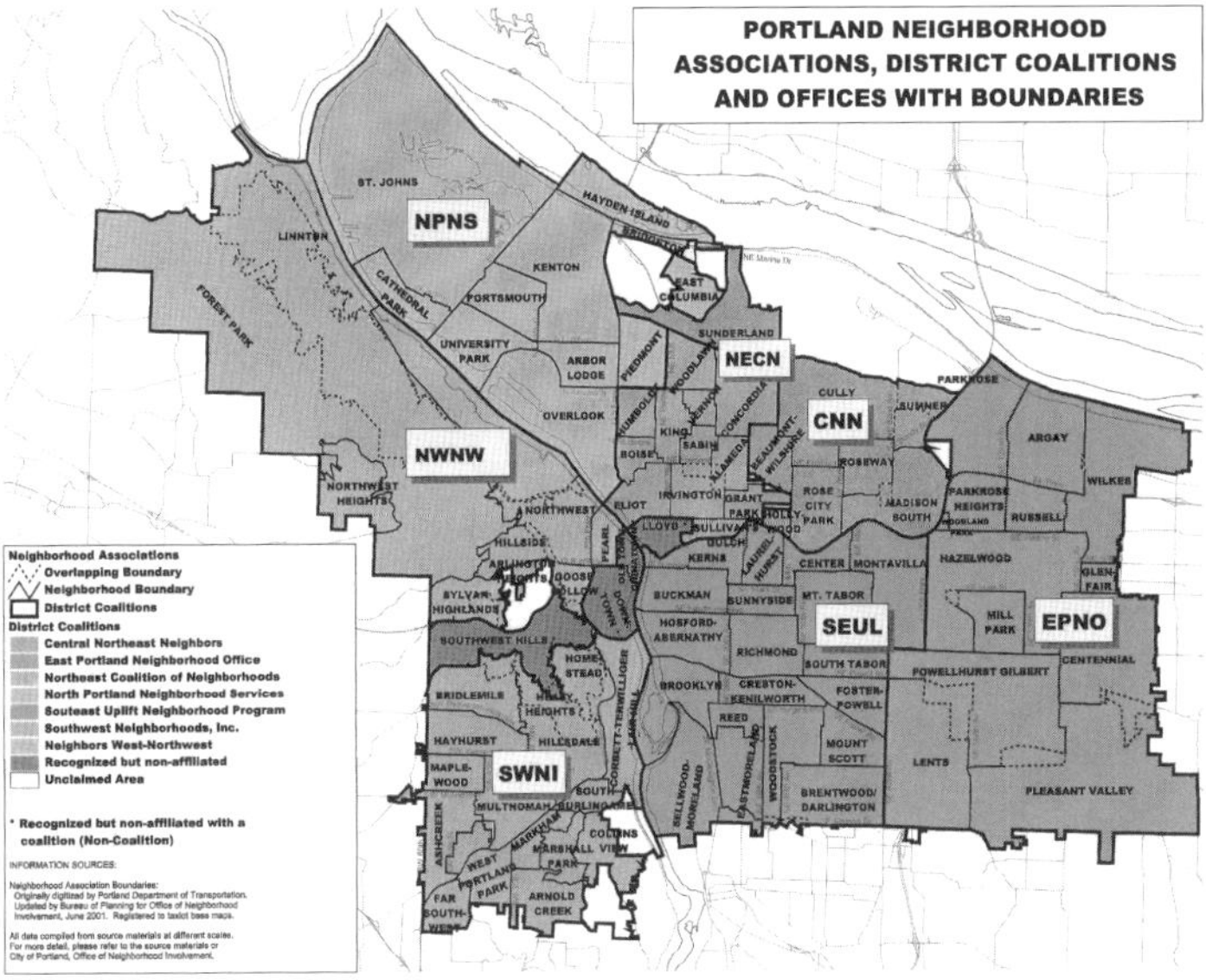

ポートランドの七つの地域連合

ネイバーフッド・アソシエーションの位置づけ

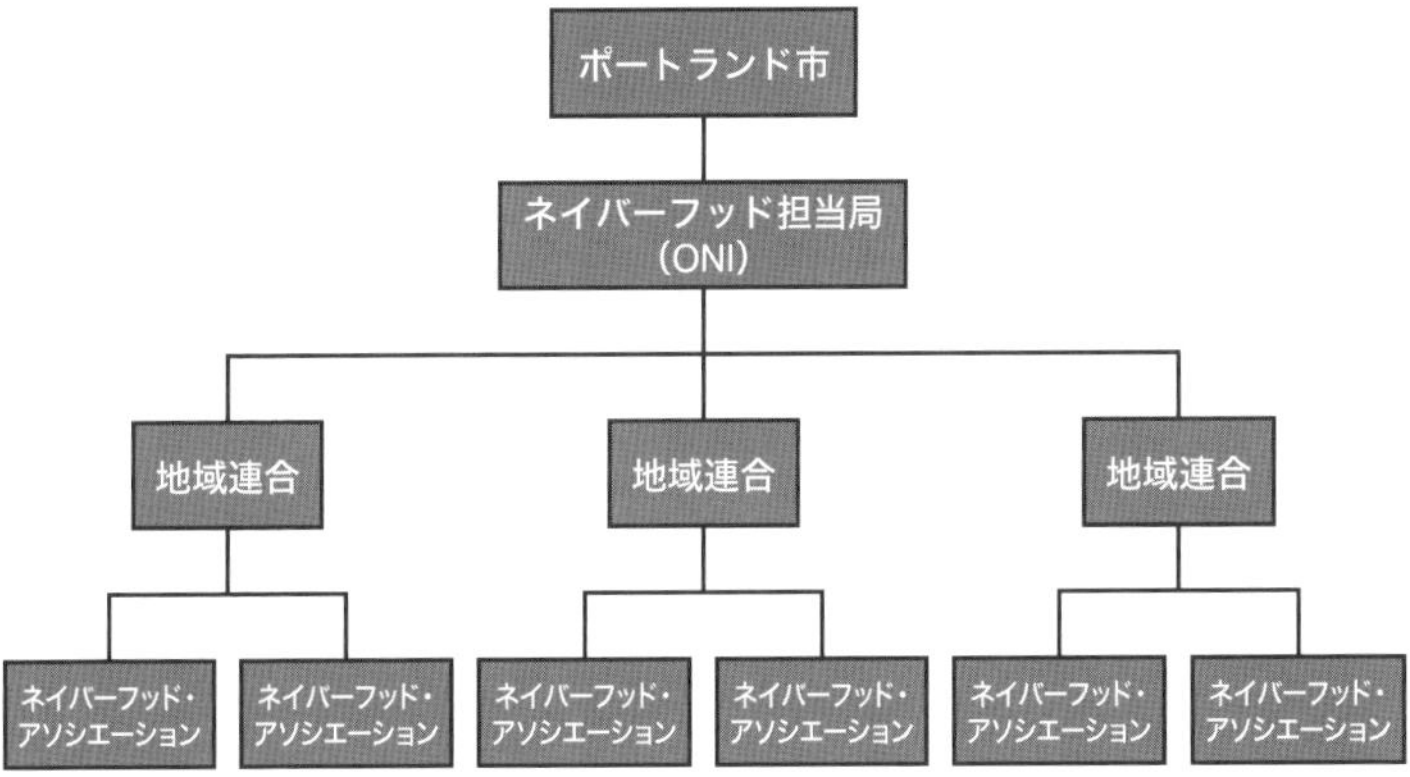

フッド・アソシエーションを統括している。

ネイバーフッド・アソシエーションは市政のしくみの一部であり、市内全域のコミュニティづくりのベース（基盤）の役割を果たしている（前頁の図）。アソシエーションの活動はすべてボランティアによって賄われているが、市の予算からある程度の活動資金がネイバーフッド担当局（Office of Neighborhood Involvement、ＯＮＩ）と地域連合を通して下りてくるしくみになっている。

ネイバーフッド担当局は、七つの地域連合、95のネイバーフッド・アソシエーション、40のビジネス街連合を通して市民が行う公共的な活動のコーディネートを行っている。そしてこうした市民活動団体と市役所の各部局をつなぐ役割を果たす。

また、市の一般財源のほか、他市、郡、州および連邦政府機関から資金の提供を受け、ネイバーフッド・リソースセンター（Neighborhood Resource Center）、情報照会センター（Information and Referral Center）、防犯センター（Crime Prevention Center）などを通じて、市民の暮らしをより快適にするサービスを提供している。

column

INTERVIEW

ケイト・ワシントン

(パール地区ネイバーフッド・アソシエーション副代表)

１９８０年代の中頃までは貨物列車の操車基地と倉庫街だったパール地区も、今では6千人以上が住むアーバンネイバーフッドに生まれ変わった。

この地区の住み心地のよさを実現しているのが、私が副代表を務めるパール地区ネイバーフッド・アソシエーション(Pearl District Neighborhood Association、以下、ＰＤＮＡ)である。会員は約９００名。20名の役員がこの組織の運営管理を任されている。役員の任期は2年で、毎年会員選挙で10名ずつ入れ替わる。役員会議は毎月行われ、そのほか五つの委員会(居住、土地利用、広報、資金調達、執行)がほぼ毎月開かれ活動を進めている。役員も委員もすべてボランティアだ。

年間を通じてポリッシュ・ザ・パール(地域清掃)、スプリング・ソーシャル(春の集会)、ブロックパーティー(一つの街区の住民たちが道路を閉鎖して行う地域の祭り)、公園で行われる映画鑑賞会やコンサート、年次総会など、多彩な活動が行われている。また最近では広告スポンサーを募って企業名が書き込まれたゴミ箱を地区全域に設置し、ゴミ回収費用にも充てた。

市のネイバーフッド担当局が北西部の地域連合を通して約３千ドルの活動予算を毎年出してくれるが、それでは足りず、ＰＤＮＡは毎年いろいろなイベントで募金活動を行い資金調達をしている。２０１４年には約１万５千ドルの資金を調達した。

PDNAの口座には常時約1万ドルがあり、年間活動費は約8千ドルほどだ。

私は土地利用委員長も務めており、パール地区内と周辺地域の開発事業にはPDNAを代表して参加することが多い。たとえばパール地区にある中央郵便局移転後のマスタープラン作成時にはパール地区住民の意見を集め、それをデザイン・ワークショップを通じて計画に織り込む作業に携わったりもする。ポートランドの中心部で8街区もの大規模な土地を一度に再開発する機会はすごく稀なので、従来のミクストユース開発を進めるのではなく、このような大きな土地でしかできない特別な開発（たとえば世界中のスポーツ、アウトドア企業がここに集まっているので、地場のアウトドア産業全体が恩恵を受けられるような研究所をつくるなど）を試みるべきだといった意見を開発チームに伝えた。

ただ、パール地区の開発にもいくつかの課題はある。一つは広報である。他州からの移住者や学生など新しい住民の多くがPDNAの存在を知らず、地域活動にも参加したことのない人が多い。特にパール地区にはゲート付き分譲マンションやアパートが多く、どうしても管理会社や所有者組合の情報分散能力に頼ることになる。

パール地区には高級ブティックや公園がたくさんあるので裕福なエリアだと思われがちだが、実際には住民の約30%は低所得者だ。多くの住民はもう少し手頃な価格で買い物ができる選択肢が欲しいと思っている。たとえばヨーロッパで見られるような肉屋、八百屋、ベーカリー、花屋といった小さな専門店や小売店がもっと増えてほしい。また、人口密度がほかの地域よりも高い分、人口に対しての公園の数は少ない。小さくてもよいのでもっと公園を増やしてほしい。

交通の面でも、パール地区には三つの駐車場が建設される予定だったが、最後の一つが未完成のままで、駐車場が不足している。駐車場不足を解消するために、既存のライトレールやバスのサービスの効率を改善する必要がある。パールには横断歩道や自転車レーンがまだ少ないので、道路空間の充実も課題の一つだ。

そして私が一番重要だと思う課題が、ＰＤＮＡのこれからの取り組みを担う人材の確保だ。ボランティアで運営されている組織なので、とにかくスタッフの負担が大きく、ＰＤＮＡの志願者は多くない。もっとＰＤＮＡの運営の効率化を図り、メンバーの負担を減らさなくてはならない。

これらの課題を乗り越えていくには、もっと多くのそして多様な住民の参加が必須だ。

PDNA の役員会議の様子。多くの議題を短時間で議論するため、会長のパトリシア氏（写真最後部）がどんどん話をまとめていく。皆カジュアルな装いではあるが、会議の内容は町内会の集まりというよりも企業の役員会議を思わせるプロフェッショナルな雰囲気

③ アクティビストたちが先導した市民参加

なぜポートランドの市民参加率は高いのか

なぜ、ポートランド市民はこんなにも自分の住む街のことに関心が高いのだろうか？

ポートランドでも1950年代頃まではアーリントン・クラブ（1879年からある白人エリートが集う会員制の社交クラブ）や商工会議所の裕福な役員たちが、自分たちで資金を出しあって、港や丘などを好き勝手に開発していた時代があった。

その後70年代まで、市民参加率はほかのアメリカの都市と大して差はなかった。しかし20年後の90年代には、ほかの都市に比べて約2～3倍の市民が公共のヒアリングやワークショップに参加するようになった。

たとえば、ロバート・パットナムの著書『Better Together』によると、1974年にポートランド市民の21％が年に一度はある種の市民集会や学校の集会に参加していたという。この当時、アメリカの同規模の都市の市民参加率は約22％だった。しかし90年代に入ると、他都市では参加率が11

%まで下がってしまうのに対して、ポートランドは35%まで上昇しているのだ。

その背景にあるのは、実は1973年に施行されたオレゴン州の土地利用計画である。前述の通り、この政策によってオレゴン州の主要都市と都市圏に成長境界線が設けられたが、実は第一の政策目標は市民参加の義務づけであった。これと同時期に、当時の市長、ニール・ゴールドシュミットがネイバーフッド担当局を設立し、市内の95のネイバーフッド・アソシエーションと市政府の架け橋役となり、市民の声を拾い上げたのだ。

そもそものきっかけとなった出来事がある。1964年の話である。この頃のアメリカはアフリカ系アメリカ人の公民権運動の真っ只中にあり、南部の州を中心に国中の多くの市民が人種差別解消のためのデモなどに活発に参加していた。

当時の大統領リンドン・ジョンソンが「偉大な社会（Great Society）」政策の骨子としたのは、公民権運動と貧困撲滅運動。連邦政府は経済機会局（Office of Economic Opportunity）を立ち上げ、各地域に根ざした草の根のアプローチを推進するために「モデル都市構想（Model Cities Initiative）」を打ち出した。その目的は、主に都市部の暴力、既存の都市再生プログラム、そして腐敗した官僚政治の撲滅にあった。これらを実現するために、歴史的な建物の復元、地域住民への社会サービスの提供、および市民参加を含む包括的な都市計画プロジェクトの増加が掲げられた。

アルバイナ地区から始まった草の根開発

1970年代当時、世界大恐慌や第二次世界大戦による不況、そして戦後の郊外開発の影響により、ポートランドのダウンタウンは空洞化し、30年代の古い建物がそのまま取り残された古くて活気のない街だった。そんなポートランドでモデル都市構想の対象として選ばれたのは、アフリカ系住民の人口が最も集中し、荒廃が進んでいたアルバイナ周辺地区（ポートランド市北東部）だった。

連邦政府の経済機会局から支給される予算を確保するために、アルバイナのネイバーフッド協議会（Albina Neighborhood Council）とマルトノマ郡の地域福祉協議会（Community Welfare Council）がこの地域の市民、福祉団体の調査をまとめ、再生計画の企画書をつくった。そのなかで「アルバイナ・ネイバーフッド・サービスセンター」の設立が提案され、「アルバイナ・コミュニティ実行計画書」がつくられた。このとき、経済機会局から公式に任命を受けて実行計画の核を担うことになったのが「Albina Citizens War on Poverty Committee（ACWPC）」という地域住民団体である。

ACWPCの役員を選ぶにあたって、街の顔役である大資本家と市の官僚といったおなじみの顔ぶれが集まって、自分たちの友人や顧客などから勝手に役員を選出するのが、当時の白人社会の通例だった。しかし、国中が公民権の合法化で熱くなっているなか、アフリカ系住民のネイバーフッド・コミュニティの貧困撲滅対策に白人ばかりを役員に選ぶわけにはいかない。もちろん政府のモデル都市構想でも「地域に根ざした草の根アプローチ」として地域住民の参加が必要条件の一つとして定められていた。

1968年3月2日、ポートランド史上初の地域住民団体ACWPCの役員を決める選挙が行われた。市長や議員といった政治家を選ぶのではなく、あくまで一般市民をこの団体の役員に選出するためである。この出来事がその後のポートランドの市民参加の基準をつくりあげるきっかけとなるわけだが、もちろん初めての出来事なのでスムーズに事が運んだわけではない。

当時のアフリカ系住民が政治や市民活動に参加することは一切認められていなかった。選挙権はもちろん、財産の所有や教育を受ける権利も認められていなかった。彼らはどんなに能力が優れていて働き者でも貧しい生活を余儀なくされてきた。当時アルバイナ周辺に住んでいた住人たちも生活の改善を望んでいたに違いない。ポートランド市としても荒廃の進んだこの地域をよくしたいという思いは変わらなかったであろう。

そんななか、ポートランドがモデル都市の対象に選ばれたのである。市と街の白人エリートは厳しい市の財政を立て直すため、なんとしても連邦政府の資金を手に入れたかった。

こうして、テレビ、ラジオ、新聞、そして街宣車を使って、ACWPCの役員を決める選挙の宣伝が大々的に行われた。その結果、アルバイナの約2万8千人の人口の6・4%に当たる1781人が投票し、近隣地域から16人が役員候補として選ばれ（そのうちなんと9人がアフリカ系住民だった）、後にそのなかから白人6人とアフリカ系住民5人が、市長により役員として任命された。ポートランド史上初の市民による市民のための選挙であった。

活動家ニール・ゴールドシュミット市長の登場

ここで1人のキーマンが登場する。この歴史的選挙があった4年前にオレゴン大学を卒業したニール・ゴールドシュミット（Neil Goldschmidt）は、ワシントンDCに移り住み、オレゴン州出身の上院議員の下でインターンをしていた。彼は1964年、ミシシッピ州で展開された「フリーダム・サマー」と呼ばれる公民権運動家による有権者登録活動に参加する。アフリカ系住民の投票権登録数がアメリカで最も少ないミシシッピ州をターゲットに、複数の公民権活動グループがCOFO（Council of Federated Organizations）という組織をつくり、800人の学生ボランティアをミシシッピ州各地へ送り込んだ。彼はその一員だった。その夏、ミシシッピ州フィラデルフィア市で彼の仲間の1人と地元の活動家2人がK.K.K.（クー・クラックス・クラン）の保安官などに逮捕され、暴行を受け殺されるという事件が起きる。この出来事はアメリカ全土に大きな衝撃を与えた。そして、この事件がゴールドシュミットの活動家としての使命感を奮い立たせた。

その後、1967年にカリフォルニア大学バークレー校のロースクールを卒業しポートランドの法律事務所で働いていたゴールドシュミットは、70年にポートランドの市議会議員に当選する。ACWPCの役員選挙の2年後、ポートランドに平等社会への兆しが見えはじめてきた頃である。そして73年にポートランド市長選に出馬し、見事に当選する。当時33歳。全米の主要都市の市長としては最年少であった。

さて、このやる気に満ちた新米市長がまず初めに行った政策の一つが「Office of Neighborhood Associations（ONA）」（ネイバーフッド担当局（ONI）の前身）の設立であった。これにより各地域の草の根の活動家たちは正式な立場を得て、ネイバーフッド・アソシエーションを通して市の政策（土地利用、住宅開発、公共施設の計画、人事、公園・緑地の整備、環境保全など）に声を挙げるようになる。

ニール・ゴールドシュミット

1960年代までは一握りの活動家たちによって推進されてきた市民参加であったが、70年代にはONAが公認するネイバーフッド・アソシエーションは75まで増加し、多くの住民がその活動に参加するようになった。これ以降、ポートランド市は「Open Door Policy（開放政策）」を掲げ、市と市民の関係が新しい段階に入ることとなった。

そして1973年、当時のオレゴン州知事トム・

マッコールが「上院法案１００（Senate Bill 100）」を可決し、市民参加を第一の目標とした土地利用政策を掲げる。州政府はこのとてつもなく大掛かりな州全体の土地利用計画を行うにあたり、住民の参加を促すためにデザイン・ワークショップへの招待状を10万通送付した。１９７５年までの2年間で約１万人がこのワークショップに参加すると同時に土地利用の短期集中講座を受け、州の土地利用政策の形をつくりあげた。この1万人の多くは、ポートランド都市圏に住む市民たちだった。

荒廃が進んでいたハーバードライブの再開発、まだアメリカでも珍しかったライトレールの導入といった数々の実績を残したゴールドシュミット。活動家出身の彼には、困窮する市民を助け街をよくしたいという思いだけでなく、不平等な社会に対する怒りがあった。それをいかに公共のシステムに組み込むかを考え、制度をつくった。

政治家に転身した元活動家たちの活躍

１９７０年代から80年代にかけて、ポートランドの市民参加は発展を続けた。１９８６年までに23の市の部局に、市民が参加する諮問委員会（Bureau Advisory Committee、ＢＡＣ）が設けられ、日々の市の部局の活動を見守るようになる。市民は市の部局の職務内容を詳しく知らないため、ＯＮＡが各部局の概要や背景、予算などについてのオリエンテーションを行い、ＢＡＣのメンバーの選出や研修、そして各部局との調整役を務めた。

ポートランド市ではさらに「ネイバーフッド・ニーズ・レポート・システム（Neighborhood Needs Report System）」により、ネイバーフッド・アソシエーションがその地区の公共事業の優先順位をつけること（たとえば公園の遊具の設置を、歩道のアスファルトの敷き直しよりも先に行うなど）ができるようになった。市の各部局にはその推薦に対して実行可／不可とその理由を説明することが義務づけられることになった。

しかしポートランドでは、１９８０年頃をピークに市民が参加できる委員会などの数が減りはじめる。これは80年代から90年代にかけて全米でＮＩＭＢＹ運動が盛んになった時期でもあった。ＮＩＭＢＹとは“Not In My Back Yard（自分の裏庭には来ないで）”の略で、「施設の必要性は認めるが、自らの居住地域には建てないでくれ」と主張する住民たちやその態度を指す。そして多くのネイバーフッドがコミュニティのビジョンと権利意識の対立の場となってしまった。

しかし、そこでポートランドの市民参加が死に絶えてしまったわけではない。現に今日も（80年代ほどの数ではないが）あちこちで周辺住民のワークショップは行われているのだ。では何が市民参加の勢いを蘇らせたのだろうか？

その理由は、市のトップのリーダーシップにあった。70年代から80年代の最盛期に活躍した地域活動家たちのなかから、自身の意見がネイバーフッド・アソシエーションで認められ、リーダーとしての頭角を現し、州や市の政治家として選出される者が現れはじめたのである。

その1人が1973年から州の衆議院議員を務め、1993〜2005年にポートランド市長を務めたヴェラ・キャッツ（Vera Katz）である。彼女は同性愛者の権利獲得や人種差別撤廃、男女平等の実現に尽力した。また彼女はジョン・F・ケネディ大統領の死後、その実弟であるロバート・F・ケネディの大統領選を応援したり、メキシコ系アメリカ人のセサール・チャヴェスとともに農場労働者の市民活動を支援したりした。今日に見られるポートランドのLGBT（レズビアン、ゲイ、バイセクシャル、トランスジェンダー）や移民、そして多様な文化に対するオープンさは彼女の功績によるものだ。

もう1人は、市議会議員を史上最長任期務めたマイク・リンドバーグ（Mike Lindberg）だ。彼はゴールドシュミットの大学時代からの友人で、1973年のオイルショックと同時期に起きた干ばつによるエネルギー危機の際、ゴールドシュミット市長が彼を公共事業ディレクターに任命した。その数カ月後、住宅開発、経済開発、土地利用とエネルギー部門を司る市の最重要ポストである企画開発ディレクターに昇進した彼は、現在では市民の憩いの場となっているトム・マッコール・ウォーターフロント・パークやパイオニア・コートハウス・スクエアの再開発を推し進めた。この年、ポートランド市議会はエネルギーコミッションを設立し、1979年にはリンドバーグを筆頭に全米初のエネルギー政策を発表し、ポートランドは環境先進都市として全米から脚光を浴びた。

彼らは以前活動家だった時代には警察に破壊活動に従事する要注意人物として動向を監視されていた。だが、それまで市庁舎の蚊帳の外にいた活動家たちが政治家となり、蚊帳の紐を一本ずつ解いていき、長く続いた慣行や因襲を壊していったのである。

ネイバーフッドという市民参加のシステム

70年代にONAによって組織化されたネイバーフッド・アソシエーションに対して、ONAの担当者はワークショップをわざわざ開き、市の予算の決められ方、予算規模、その使われ方の手順まで説明し、トレーニングを行っていた。それによって、市民の建設的な意見をまちづくりに反映させやすくなり、街が目に見えてよくなっていった。

当時のアメリカでは、市民参加に反対するエリート層や昔から主導権を握る有力者たちに丸め込まれる街が多かったが、ポートランドは逆に市民がより強い力を持つ方向へ動いていった。80年代には他都市とのギャップはさらに広がって、昔ながらの利権で開発される多くの都市とは異なり、ポートランドでは市民による市民が住みやすいまちづくりがどんどん進められた。その結果、街に投資が集まるようになった。そして先述したように、それまで隅に追いやられていた活動家が表舞台で活躍するようになった。ゴールドシュミットが市長になり、ONAを立ち上げて、各ネイバーフッド・アソシエーションの担当者に活動家たちを据えた。ONAは活動家たちの意見を真剣に拾い上げ、それが議会の議案として正式に取り上げられるようになった。

ポートランドでネイバーフッド単位の市民参加のシステムができたことは、オレゴン州全体の方向性を決めるきっかけとなった。それを引っ張ったのは、トム・マッコールとニール・ゴールドシュミットという、バックグラウンドも政党も違う2人の政治家だった。彼らが同時期に州知事と市長として活躍したことは、まさに奇跡的で、ポートランドの変革の歴史は彼らなしには語れない。

ゴールドシュミットとマッコールは親しく、マッコールがオレゴン州知事に就任すると、ゴールドシュミットを州の運輸委員に抜擢、ともにメトロ政府やトライメットを発展に導いた。

1979年ゴールドシュミットはカーター大統領によって連邦政府の交通大臣に抜擢され、ワシントンDCからの助成金の獲得にも貢献し、80年代以降の数々の施策につながっている。その後、NIKEの副社長の職を経て、1986年ゴールドシュミットはオレゴン州知事に就任した。

当時、彼らのような活動家が頭角を現すようになったもう一つの要因として、カリフォルニアなどから流入してきたヒッピー文化がある。ヒッピーに影響を受けた人たちがオレゴンに定住しネイバーフッドに積極的に関わり、エスタブリッシュな既存の価値観に縛られないまちづくりを後押しした。そして街が変わっていく姿を彼らの子供たち世代が当たり前のように見て育ち、今のまちづくりにおいてリーダーシップを発揮している。

Portland

5章

ポートランド市開発局(PDC)による都市再生

① ポートランドを変えたPDCのリーダーシップ

PDCとは

ポートランド市開発局（Portland Development Commission、ＰＤＣ）は都市再生と経済開発事業を行う機関だ。１９５８年にポートランド市民の投票により設立された。体制としては準独立型で、市長に任命され、市議会に承認された役員（コミッショナー）５名と局長（エグゼクティブディレクター）を含む6名の役員会により運営されている。

ＰＤＣは独立性を保つことにより、プログラムの実施や予算の使い方を市長や市議会の意見に左右されることなく行使することができる。都市再生プロジェクトは大規模な案件になると20年以上かかるので、4年ごとに入れ替わる（可能性がある）政治家よりももっと長期的な視点で市の経済開発や都市再生の計画を考えなくてはならない。

役員会の任期は3年で、局の方針に安定性を保つために複数回の任命が可能となっている。欠員により新たなメンバーを任命する際は選考委員会を設けて推薦し、市長によって任命される。多く

PDC の組織図

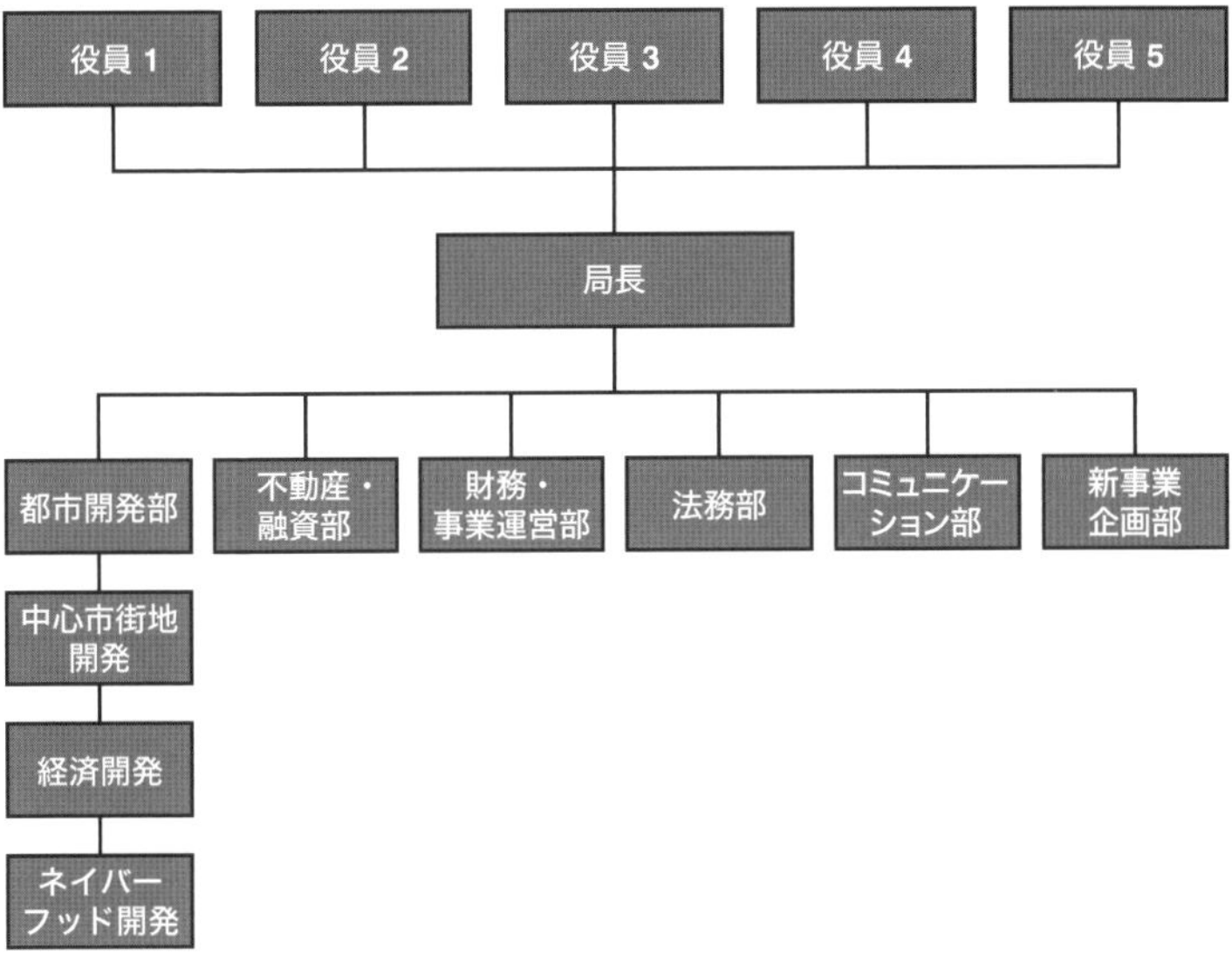

PDC の建物

の役員は自身の本業と兼務することになるが、決議の内容によってある役員が利益／不利益を被る場合は投票権を持たないというルールになっている。少し前までは銀行や投資関係の企業の役員もいたが、今は直接開発に関わるデベロッパーや建設関係の役員が多く、この役員構成については賛否両論ある。

ＰＤＣが独断で再開発費用（ＴＩＦ、詳細は後述）を使えるのは「ＵＲＡ（Urban Renewal Area）」と呼ばれる荒廃が進んだ都市再生地区のみで、たとえば市の交通局や住宅公社が関わるような大きな再開発事業を動かす場合は、ＰＤＣの役員会の承認に加えて市議会の承認も必要となる。戦略づくりや土地の買い取り、建物のファサードの改修など、数億円単位の事業は、役員会の各月の決裁で進めている。

ＰＤＣでは、5年ごとにＰＤＣ全体の戦略計画を作成する。毎回コンサルタントを雇い、市の各局や州政府、都市圏内の多くのパートナーと連携をとりながら戦略計画を練り、役員会に承認されたものを、5年かけて実行する。

かつてのＰＤＣは、ハードの再開発が主体で、経済開発の戦略づくりを担う部隊はとても小さかったが、今は両方同じぐらい重要だ。しかし、90年代の好景気の頃に職員数が増え、人材の流動性が滞り、頭の固い役人のような職員が増えてしまった。

その後、２００８年のリーマンショックで、市（そしてＰＤＣ）の財源は減り、ＴＩＦからの収入が毎年減っていることもあって、このままでは持続不可能、つまりPDCが存在できなくなるという危機感が募った。そこで体制を一から見直し、リストラを行い、起業家精神を持って働く体制への移行を進めてきた。局としてイノベーション（新しい価値の創造）に力を入れているが、TIFに頼らず、どうやって財源を確保するか、増えすぎた人員の削減をどうするかなど、課題は多い。

ミッションは経済成長と雇用創出

PDCの使命は、ポートランド市民のために経済の発展と雇用機会を生みだすこと。そしてポートランドを世界で最も住みやすく、フェアな街にすることだ。

これはあくまで個人的な意見だが、PDCはある意味ポートランドのまちづくりにおけるプロジェクトマネージャー的な存在だと思う。市の縦割りになっている各部署、デベロッパー、建築家やエンジニア、ネイバーフッド・アソシエーションやテナントなど、ニーズの異なるグループを召集し、都市の再生、すなわち街の価値を上げるという大きな目標に向かって皆で知恵と資金を出しあえるようにまとめる役割を担っている。実際、PDCの局員全員がポートランド州立大学で、（しかもPDCのためにカスタマイズされた）プロマネのトレーニング（計6日間、48時間）を受けさせられる。開発プロジェクトを進めるにあたっても、民間デベロッパーと市の他部局や、郡政府、州政府などの

PDC のミッション、ビジョン、バリュー

ミッション

PDC はポートランドのために経済成長と雇用機会を創出する。

ビジョン

- ポートランドは世界で最も競争力のある、フェアで理想的な都市の一つである。
- PDC は雇用を促進し、幅広い経済的繁栄を奨励し、市に代わって素晴らしい場所をつくる。
- PDC はチームで成功を実現する情熱的なスタッフが、オープンで自立性を促し成長できる環境を有する魅力的な職場である。

バリュー

- ポートランドを愛する
- 変化を起こす
- 素晴らしい仕事をする
- パートナーシップを築く
- 公正を促進する
- 市民の信頼を尊重する
- 革新する

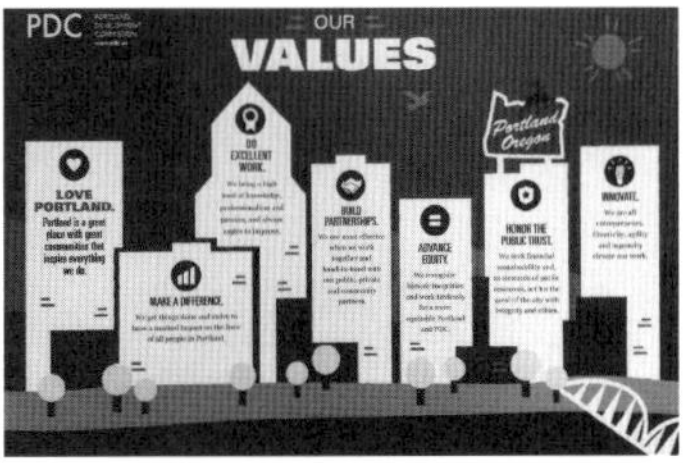

間に立ちプロジェクトを進めていく。

ＰＤＣの職員は２０１６年4月現在、約90名だ。都市開発部、不動産・融資部、財務・事業運営部、法務部、コミュニケーション部、新事業企画部（ＰＤＣの将来的な資金繰りを確保する新しいビジネスアイデアを生みだすための内部シンクタンク）の六つの部署に分かれている。

職員の多くが民間企業から再就職した各分野のプロである。20支店以上を抱える地域銀行の頭取だった者もいれば、大手デベロッパーの副社長、社員数百名のアウトドア系企業の元社長など、レベルの高い経験を積んできた人間が多い。ちなみに現局長はシカゴの非営利金融業出身で、連邦政府の住宅・都市開発省に勤めた経験も持つ。

僕は都市開発部の経済開発チームに所属し、国内外からの投資や企業誘致のマネジメントとポートランド都市圏企業の国際事業の開拓を担当している。

不動産開発から経済開発へ

ＰＤＣができる前は、街の有力事業者や商工会議所関係者と市の担当者などの白人富裕層のメンバーによる閉鎖的な非公式の再開発委員会で、開発に関わる物事を決めていた。１９５８年に州の法律により連邦政府から州、そして各市に下りる再開発の資金の受け皿となる公式な機関として、

ＰＤＣが創設された。

ＰＤＣの歴史は大きく四つの時代に分けられる。

一つ目は、サウス・オーディトリウム地区の再生プロジェクトに代表される１９５８〜１９６０年代前半の設立期。サウス・オーディトリウム地区のプロジェクトは設立されて間もないＰＤＣが初めて手掛けた大規模再開発である。ダウンタウンの南部にあるイタリア系、ギリシャ系、ユダヤ系、中国系、アイルランド系移民（３３６家族、１５７３人）が住んでいた古い住宅地の住居や建物を撤去・移転し、計１０９エーカー（約44万平方メートル）をオフィスと商業のハブとして再開発する計画であった。

このプロジェクトは１９７４年に完成し、当時は多くの政治家やビジネスリーダーから成功例として賞賛されたが、住民の強制移転や美しい歴史的建造物の取り壊しを伴うものでもあった。このような白人エリートによる開発資本主義的な考え方で街をリニューアルする一方で、開発により別の場所に追いやられた住人は大変な思いをしていた。１９６０年代末まではこういう住人の声は市役所の上層部には届かなかった。

二つ目は、北西部のアルバイナ地区の住宅再開発から始まった転換期。１９６０年代の終わりから70年代の初めにかけて、ポートランドの都市計画のプロセスに変革が起きる。きっかけとなったのは、先にも紹介した多様な地域住民を含めた再開発委員会「Albina Citizens War on Poverty Committee

上／再開発前のサウス・オーディトリウム地区。ユダヤ系、ギリシャ系、中国系などの移民が住んでいた
下／再開発後のサウス・オーディトリウム地区

上／アフリカ系住民が多く住んでいた大規模再開発以前（1962年）のアルバイナ地区
下／現在のアルバイナ地区

（ＡＣＷＰＣ）」が初めて設立されたことである。

三つ目は、トム・マッコール・ウォーターフロント・パーク、ライトレール、そしてパイオニア・コートハウス・スクエアなどに代表される「偉大なるプロジェクト」の時代。１９７３年にゴールドシュミットが市長に就任すると、行政と一般市民との公約に基づく開発、いわゆる官民パートナーシップ（ＰＰＰ）が始まることになる。ゴールドシュミット新市長はまずダウンタウンの包括的なマスタープランをつくりあげ、モータリゼーションによってドーナツ化した中心部に再び住民を呼び込もうと、オープンスペースや公共交通の整備を進めた。市長の声に応えるかたちで、ＰＤＣも住民と対話型の合意形成に取り組むようになった。当時はまだ及び腰であったが、40年以上経った現在は住民との対話型の合意形成を担えるプロフェッショナル集団に成長した。

ハーバードライブの拡張工事では、市民の反対意見を聞き入れ、既存の高速道路を取り壊しウィラメット川の水辺をトム・マッコール・ウォーターフロント・パークへとつくり変えた。また、連邦政府から受けた高速道路拡張予算を使ってダウンタウンと近郊都市を結ぶライトレールを敷設し、ダウンタウンへの車の乗り入れを削減する政策をとった。

そして、ダウンタウンの中心部にある駐車場の拡張事業の話が市役所内部で持ち上がった際には、「街の中心は市民の憩いの場であるべき」という市民の意見を聞き入れ、今では市民のリビングルームという愛称さえ付いているパイオニア・コートハウス・スクエアをつくった。

上／ハーバードライブからスティール・ブリッジへのアプローチ
下／ハーバードライブの跡地につくられたトム・マッコール・ウォーターフロント・パーク

上／再開発前は2階建ての駐車場だったパイオニア・コートハウス・スクエアの敷地
下／現在のパイオニア・コートハウス・スクエア。市民を巻き込んだイベントが年間300以上開催される

パイオニア・コートハウス・スクエア

そして四つ目は近年実施している、不動産開発による都市再生から経済開発への移行期だ。PDCは設立から57年以上、都市再生地区（URA）の不動産を開発（再開発）し経済効果を生みだすために働いてきた。しかし、都市再生地区は市の15％までの面積を上限とすることが州法で定められており、ポートランドではすでに14％以上の地域を都市再生地区として再開発してきた。そして、多くの都市再生地区は開発からすでに30年以上が経ち、完結しつつある。また、こうした再開発には潤沢な財源が必要だが、PDCの主たる財源であるTIFは毎年減り続けており、2008年のリーマンショック以後しばらく経済状況は不安定だった。

そのため、近年のPDCは地域経済の活力になるような戦略を生みだすことに力を入れている。それは不動産開発に限らず、産業分野の開発、輸出開発、近隣地域のコミュニティ開発（自治化の支援）など多岐にわたる。2009年にはPDCの経済開発戦略が公開され、実行プランも発表された。これらの戦略については次章で詳しく説明したい。

PDCとデベロッパーのフェアな関係

前述の通り、ポートランドのダウンタウンの開発は、PDCと投資家とデベロッパーが協働で行うプロジェクトがほとんどだ。TIFの資金が入ったプロジェクトでは、デベロッパーは完全な主導権を握れない、つまり思い通りの開発はできないことが多いが、ＰＤＣと手を組むことにより生まれる恩恵も多く、デベロッパーにも投資家にも市民にも損をさせないスキームになっている。

民間デベロッパーが単体で実施するプロジェクトに比べて、ＰＤＣと組む場合には公的なしがらみが増え、手間も時間もかかる。しかしＰＤＣがＴＩＦで先行（または同時に）投資することにより、その分デベロッパーの初期投資が大幅に下がったり、開発地域で周囲のインフラやオープンスペースとのすりあわせが行われ、ステークホルダーのニーズが盛り込まれた開発が実行でき、失敗のリスクも軽減できる。ＰＤＣとしても限りあるＴＩＦの資金を上手く活用し、街全体に経済効果を出すには、民間デベロッパーの投資が必要不可欠である。ＰＤＣと民間デベロッパーが対等な関係でプロジェクトに取り組み、その成果はWin－Winでなければならない。

たとえばパール地区のブルワリー・ブロックでは、ＰＤＣの介入がなければ、道路下の空間をつないだ大規模駐車場の開発や地区エネルギーシステムの建設費用を捻出するのにはかなり困難を要したであろう。ストリートカーも、ＰＤＣが市、州、連邦政府、デベロッパーや多くの専門家の間に立ち、皆が恩恵を受けられるようにまとめたことで実現した。もちろんこれは50年以上にわたりＰＤＣが築いてきたデベロッパーやコミュニティとの信頼関係があったからこそなしえたことだ。

コミュニティ・デベロッパーとしての役割

アメリカ、イギリス、オーストラリアでは「コミュニティ・デベロッパー」という職業が確立していて、多くの大学に専攻分野または都市計画学部の専門課程が設置されている。それに比べると、日本ではまだコミュニティ・デベロップメントという分野が発達しておらず、どちらかというと社会福祉活動の一部として扱われることが多い。また、日本の都市計画家の多くが理系の都市工学系出身であるのに対し、英語圏の専門家は（文系、理系問わず）デザインが主な仕事である。デザインといっても、机に向かって図面を引くだけではなく、コミュニティをつくるためのインフラ（道や公園、オープンスペース）、コミュニケーション、イベント、財務、組織の設計なども手掛ける。結果として、一つのコミュニティを自治化して、それを持続するにはどうしたらいいかを考えるのが彼らの仕事である。

ポートランドの再開発では、かつての賑わいを失ってしまった商店街が立地する地域などを中心に都市再生地区をまず決めて、そこにPDCの再開発予算を入れる。また、そのエリアの住人に対して、商店街を再開発するにあたって必要なことについて意見を求める集会を開き、参加者が主体となってそのエリアの再生を担う組織を立ち上げてもらう。PDCは予算と担当者をそのエリアにつけて、ほかの住人を巻き込みながらその組織の活動が軌道に乗るのを支援する。

前述の通り、市には95のネイバーフッドをまとめるネイバーフッド担当局という組織があるが、要望があまりに多く、すべてに対応できていないのが実情だ。そこで、実際に開発をする段階ではＰＤＣの担当者をエリアに通わせている。

たとえば、ある商店街にグローサリーショップが欲しいという要望に対し、古い建物を修復してテナントを呼び込んだり、ヒスパニックの人口の多い地域でその文化的な施設が欲しいという要望には、その地域の事業者と組んで建物を買い取りヒスパニックの文化センターをつくったり、といったことをＰＤＣの担当者が中心になって行う。

建物やインフラの予算はＴＩＦで賄うが、ソフトに関する予算は出ないので、ＰＤＣの人材を費やすことになる。たとえばソフト面の支援としては「ネイバーフッド・プロスパリティ・イニシアチブ（Neighborhood Prosperity Initiative、ＮＰＩ）」というプログラムがある。ＮＰＩを通して、ＰＤＣは商店街活性化の予算と担当者をそのエリアにつけて、近隣の住民を巻き込みながら、事務局や役員の人材育成トレーニングや助成金の獲得、ＮＰＩによる近隣地域レベルでの商業や雇用の活性化と自治化を支援する。

やがて組織の運営が軌道に乗り、ＰＤＣからの予算や人的支援に頼らずに自分たちで回せるようになる。そうすると、彼ら自身が店を誘致したりオーナーになったりして商店街を活性化させ、そこに生活圏をつくれるようになり、自治化が図られる。

② 開発資金の調達と運用システム

TIF（固定資産税の増収額を担保とした資金調達）

PDCの予算は、ほぼすべて税金で賄われている。そのうち97％が都市再生地区からあがってくる固定資産税の増加分（Tax Increment Financing、TIF）で、建物やインフラの開発などに充てられる。残りの3％が市の一般財源やPDC所有の駐車場などからの収入で、僕が所属する経済開発チームで市や都市圏の経済戦略やその仕掛けづくりに充てられている。

TIFは、都市再生や地域開発などのプロジェクトにおいて、開発後に固定資産税や事業税などの税収が増えることを見込んで、その将来の税収増を返済財源にして資金調達を行う手法である。1952年にカリフォルニア州で法制化されたのが始まりで、オレゴン州では1960年に採用され、ポートランド市ではPDCがその実行機関となった。

TIFを使った都市再生の手順は、以下の通りである。

①対象エリアの決定：ターゲットとなる荒廃地域を特定し、市議会が都市再生地区に承認する

（例：１９８９年に貨物列車の操車基地と荒廃した倉庫街が点在していたリバー・ディストリクト（後のパール地区を含む）が都市再生地区として承認される）。

②固定資産税額の固定化：その段階で同エリア内の地権者が払う固定資産税額のもとになる資産評価の上限額が固定される。地権者が払う額が固定されるのではなく、行政の収入になる税収の額が一定化される。

③都市再生債権の発行：この時点で再開発後（20～30年後）の固定資産評価を予測し、それをもとに対象エリアの最大債務額を算出。その額に対して、市が債権を発行し、ＰＤＣの開発資金とする（例：リバー・ディストリクトの最大債務額は約2・25億ドルであった）。

④資金の投下：エリア内のインフラや建物、オープンスペース、駐車場、公園、住宅などの開発に投資し、これを呼び水に民間投資の誘発を図る。再開発実施期間中（通常20～30年の長期間）は、その再開発効果に伴う当該地区の固定資産税の増収分を債券の返済に充てる（例：リバー・ディストリクトではストリートカー、道路、公園、駐車場などにＰＤＣがＴＩＦ財源を投資した）。

⑤税金の回収：開発プロジェクトが完成することにより、不動産の価値が上がり、税収が増える。債券の返済は完結するまで続く（例：リバー・ディストリクトは現在も進行形であるが、あと数年で都市再生事業が完結しようとしている。パール地区に限れば、ＴＩＦおよび公共投資の現時点での合計は約１・５億ドルであるのに対して、20億ドルの民間投資を呼び込んだ）。

TIF (Tax Increment Financing)

行政が、荒廃し経済的に停滞している地域の固定資産税をその地域の再投資に充てて都市再生を実現する

1 エリアの決定

行政が都市再生を行いたいと考えるエリアを特定し、承認する。

2 税額の固定化

行政が対象エリアから一般財源に取り入れる固定資産税の上限額を固定する(たとえば、年間100億円など)。

3 資金の投下

行政が対象エリア内の新規プロジェクトのための資金の借入を行ったり、エリア内の開発に補助金を拠出する。魅力を感じた投資家は投資を行う。

4 成長を見守る

新規開発が資産価値を向上させていく。時間が経つと、固定資産税が上がる(たとえば、年間120億円となる)。

5 税金を回収する

行政は開発前に固定化した固定資産税上限額との差額20億円をローンの支払いに充てる。

ローン完済後は、エリア内の固定資産税は一般財源に戻されて、通常の行政サービスに利用される。

エリア内の公共投資が、最終的にはその都市の税収を増加させることになる。

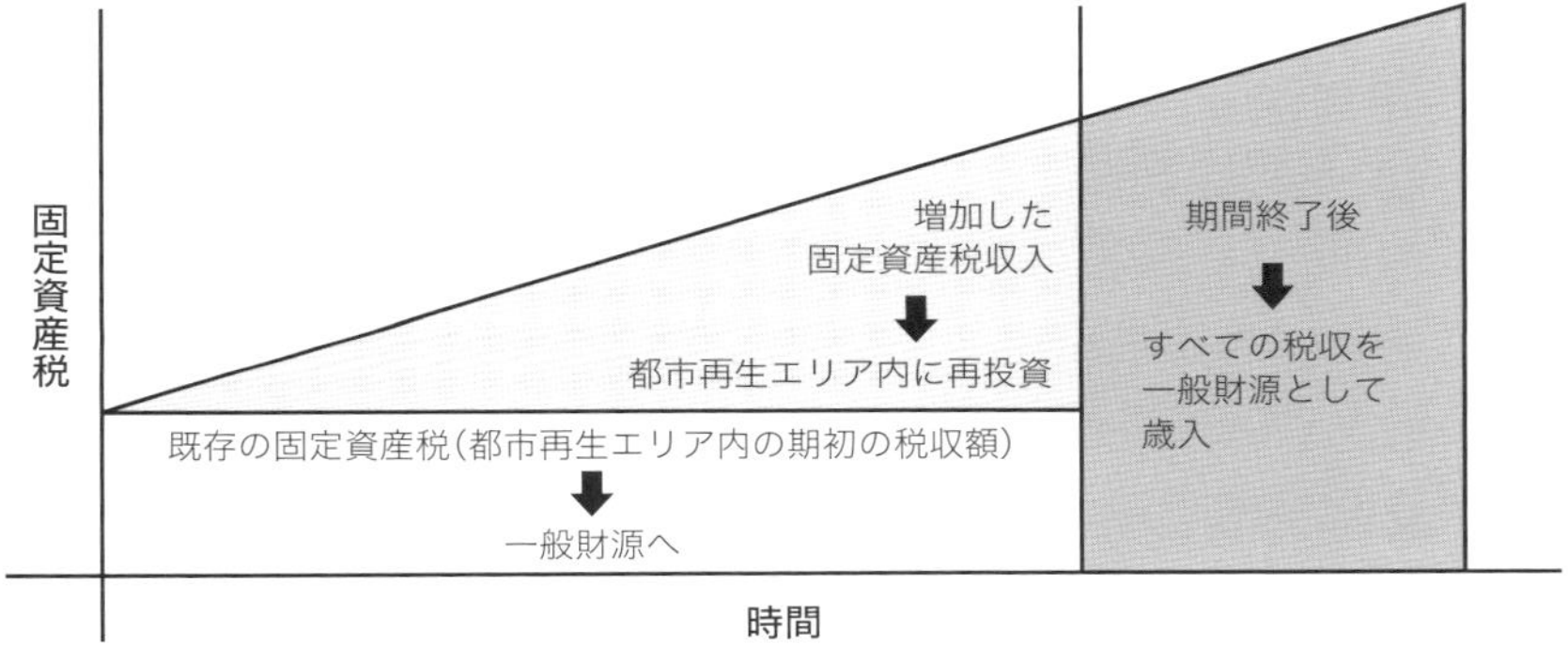

ＴＩＦの特徴としては、以下が挙げられる。

①増税ではない（固定資産税率は不変）。

②関係課税機関の期待税収を減少させるものではない（再開発が起こらなければ固定資産税の増収はない）。

③再開発の受益者である都市再生地区内の資産保有者が納める固定資産税収増加分を利用しているため、受益者負担の原則が成立している。

④ＴＩＦをレバレッジに民間投資を呼び込み、ＰＰＰ（官民連携）型再開発事業を展開することができる。

⑤地区内の固定資産税収増加分を原資とするため、スケールアウトの再開発が実施されない。

こうした明快な論理が、地方政府がＴＩＦを活用する一要因にもなっている。

ＢＩＤ（特定地区の資産所有者からの資金調達）

ＢＩＤ（Business Improvement District）とは、ダウンタウンや商業を中心とした地域において、資産所有者や事業者が地域の発展を目指して必要な事業（美化、治安維持、イベントの開催やマーケティングなど）を行うための組織化と財源調達のしくみである。１９７０年にカナダのトロントで始まった取

Downtown Portland Clean & Safe District

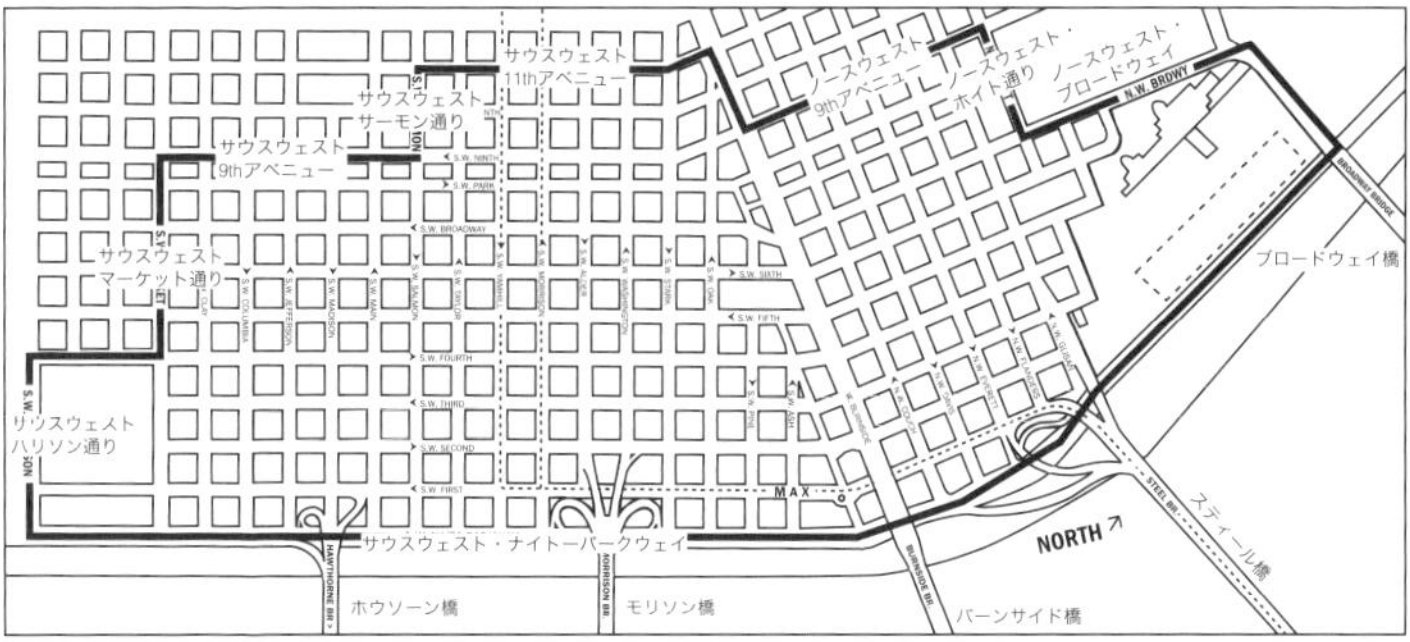

全米最大のポートランドの BID はダウンタウンの大部分を占める 213 街区に及ぶ

り組みで、今では全米各地で１２００以上のＢＩＤ組織が設立され、またイギリスをはじめとして世界各地で実施されている。

前述のＴＩＦはあくまで地方自治体の税金を主体にした公的な資金調達で、基本的に不動産の開発や再開発事業にしか使われず、多くの制限があるので、清掃やマーケティングなどのソフト面での使用は難しい。

それに対して、ＢＩＤは民間主導の受益者負担金なので、集まった資金の使い方は比較的自由に設定できる。ポートランドではダウンタウンの大部分を占める２１３の街区がこのＢＩＤの対象エリアになっており、ポートランド都市圏の商工会議所「ポートランド・ビジネス・アライアンス (Portland Business Alliance)」が「Downtown Clean & Safe」というプログラムを運営している。このＢ

IDはアメリカで最も古く、規模も最大級で、最も成功しているBIDの一つである。1991年以来ポートランドのダウンタウン地域の美化、維持管理、マーケティングのための市場調査や商業誘致などさまざまな役割を果たしている。

Downtown Clean & Safe プログラムの年間予算は450万ドル。17名のセキュリティガード（この仕事に就くには警察か軍隊で働いた経験が必須）、3名の警官、10名ほどの観光客向けのインフォメーションサービス、十数名の清掃員（清掃員は地域の裁判所から命令を受けた軽犯罪者や元ホームレスの人々が社会復帰するためのプログラムの一部でもある）を雇い、ポートランド市（主にPDC、交通局、公園・レクリエーション部）、地域のNPO、トライメット、トラベル・ポートランド（ポートランド観光協会）などとパートナーシップを組み、エリアマネジメントを行っている。

BIDは法律に基づいた組織で、準地方公共団体として位置づけられている。BIDを開設するには、①特定地区、つまり対象となるエリアを選定し、②地区内のステークホルダー（不動産所有者、事業者／テナント、市民など）との協議、BID事業の趣旨とその事業プランを作成し、③地区内の不動産所有者の51％以上の合意で設立が決まる。④設立後は市議会により承認を受け、正式に地区内からの資金調達の許可が下りる。いったん許可が下りれば、BIDの設立に反対していた地区内の不動産所有者であっても、そのほかの税金と同様にBID資金の支払いが義務づけられる。

LID（開発エリアの資産所有者からの資金調達）

LID（Local Improvement District）はBIDに似た方法だが、地区の運営・維持費ではなく改善資金を調達する。賃貸や小売りのスペースを持つ会社や不動産所有者がTIFやそのほかの公的費用が不足または適用できない場合に、地区の改善費用として少額の負担金を集めて道路や歩道、地下にあるインフラ（水道、下水道や電線、ガスライン）の改修工事などに充てる。また集まった資金をレバレッジにして連邦政府や自治体から補助金を得ることもできる。

ポートランドでこのしくみの採用を考えたのは、不動産運用業のカルベアー・カンパニー社長で当時ポートランド・ビジネス・アライアンス（ポートランド都市圏の商工会議所）の会長をしていたフィル・カルベアー、不動産管理会社メルビン・マーク・プロパティーズのクリス・カフカ、そして建築コンサルタントのダグ・オーブレッツの3人だ。

彼らは累進課税のようなしくみで、LIDの負担金を地元の不動産オーナーから集めた。ただし、住宅の所有者からは徴収しないことにした。そうしないとダウンタウンには誰も住まなくなるし、彼らは不動産オーナーの顧客だからだ。

LIDの構想が地元紙に発表されると、「このアイデアは史上最悪の増税だ」と猛反対する地権者が1人現われた。彼はダウンタウンに多くの駐車場を所有していた。前述の3人は彼に対して「僕らは君の所有地を改善しようとしているんだ。君はほんの少しの資金（5セント）を投資すれば1ドル相当の価値を手に入れることができるんだ」と説得した。彼らはこのように地権者を1人1人説得し、教育していった。

こうして集めた資金を、不動産オーナーたちはダウンタウンの植栽やベンチ、街灯、公共交通の電光掲示の時刻表の設置、トランジットモール沿いの歩道にレンガを敷くことなどに充てた。彼らは、どうすればダウンタウンを訪れる人々や自社の従業員が快適に過ごせるか、公共空間の体験の質をとても大事にしている。

こうして素晴らしい公共空間をつくっても、それを維持するのは大変だ。そこで、トランジットモールを管理する非営利組織「ポートランドモール管理会社（Portland Mall Management, Inc.、ＰＭＭＩ）」が設立された。この組織は、市やトライメットの資金、周辺の地権者たちの資金で、官民連携で運営されている。ＰＭＭＩの役員には、市、トライメット、ビジネスオーナーたちも参加している。ＰＭＭＩは公共空間の質を維持するために必要な仕事、たとえば道路のメンテナンスやゴミ収集を請負う業者との契約を行う。

ＬＩＤを使った開発のなかで最大の経済効果を上げているストリートカーを例に説明しよう。ポートランドのストリートカーは２００１年より運行されており、ダウンタウンと近隣地域を結ぶ環状線である。マックスが東西南北にある郊外とダウンタウンを結ぶ（ダウンタウン以外では時速60マイ

トランジットモール

ストリートカー延伸に1億300万ドルかかるプロジェクト

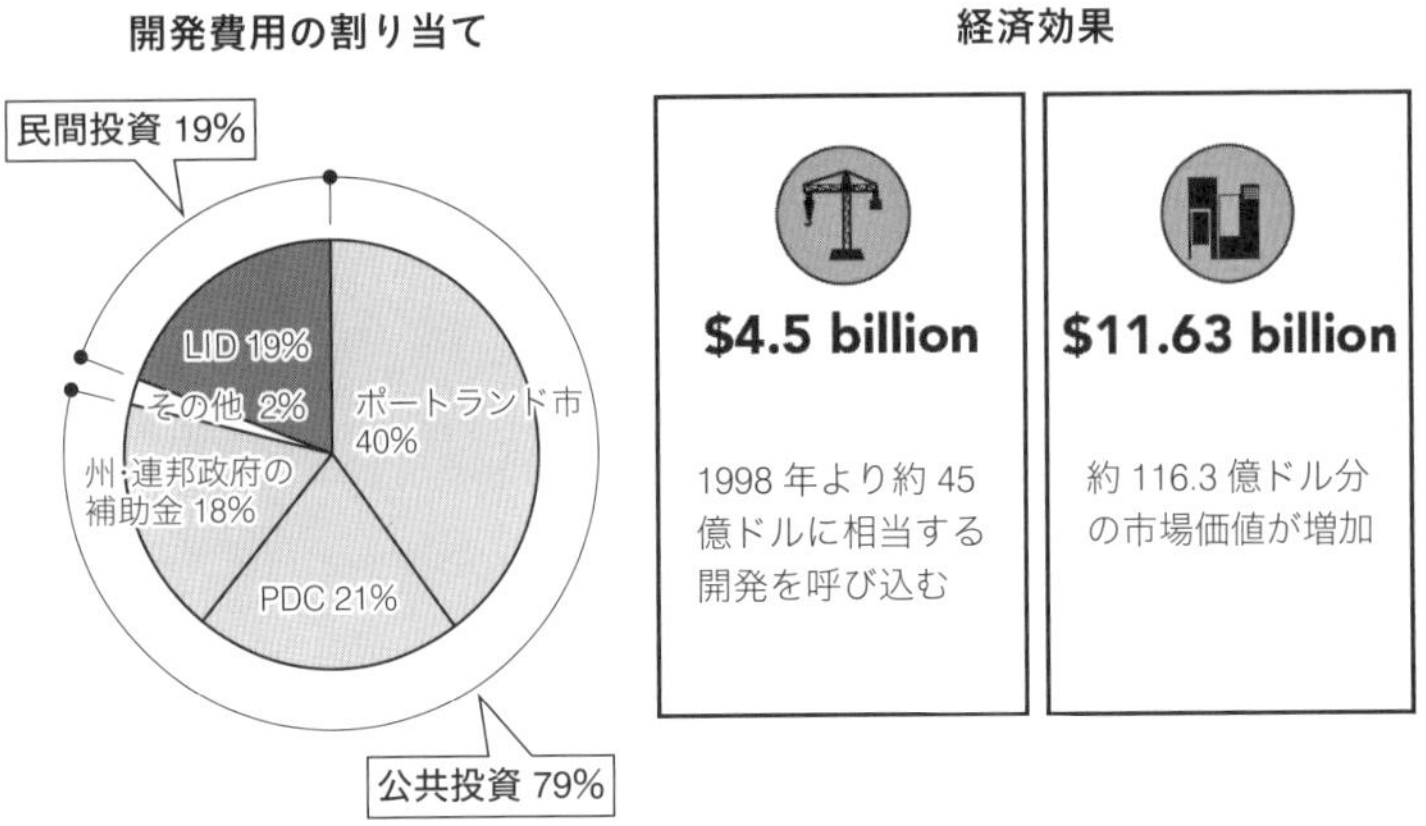

ル（100キロ）まで加速する）通勤電車であるのに対し、ストリートカーはダウンタウンをゆっくりと周遊する路面電車である。開業以来、利用者は増え続け、今では毎年460万人が利用しており、ストリートカー沿線（両側400メートル）には過去15年で45億ドル相当の開発を呼び込んでいる。

たとえば、ストリートカーの延伸に1億300万ドルがかかるプロジェクトがあったとする。そのうち79%を公共投資（ポートランド市が40%、PDCが21%、州および連邦政府が18%）で、19%をLIDによる民間投資で賄う。LIDの投資分は、ストリートカー完成後の不動産価値（多くは賃料）の上昇という形でオーナーに返ってくる。

Portland

6章

クリエイティブビジネスの生態系

① アメリカの起業カルチャー

ポートランド都市圏には現在、毎週約300〜400人が移住してくる。そのなかで一番多いのが25〜35歳の若年層で、その約3割が大学以上の学歴を持つ。彼らの多くは西海岸の自由な風土、海と山に囲まれた大自然、そして西海岸のほかの都市に比べて割安でサステイナブルなライフスタイルにひかれて移り住んでくる。

しかも、彼らの多くは就職先が決まらないままに引っ越してくる。これは最近の若者の風潮で、まず自分のライフスタイルに合った場所を決め、そこで生きる術を見つける。運よく就職先を見つける者もいれば、初めから就職などには目もくれず、1人でまたは同じような考えを持つ仲間と起業する者もいる。ポートランドではこうした起業ストーリーをよく耳にする。

そしてそれを支える環境または生態系も（もちろんシリコンバレーに比べればまだまだ希薄だが）整っている。インキュベーターやアクセラレーターといった起業支援施設が20軒以上もあり、官民さまざまな機関が資金とサービスを提供している。地元銀行やベンチャーキャピタルは投資先として次のビッグスターを探している。また、早朝のネットワーキングイベントやランチレクチャー、ハッピーアワーのカクテルパーティーなど、多様な人々が交流する機会も街なかで毎日のように見かける。

こういう起業ストーリーの背景には、「とりあえずやってみる」「よいものを素直に認める」というスタートアップを育てるのに必要不可欠なカルチャーが、ポートランドには西部開拓やヒッピー文化を通じて今でも残っている。

「リスクをとってなんぼ」というのがアメリカの起業文化のマントラ（信条）となっている。でも、ただリスクをとればよいというものではない。よいビジネスアイデアが生まれ、それを世に押し出すためには、ある程度（ときにはかなりハイレベル）の社会的、そして金銭的リスクを負って事業につなげなければならない。そこには必ず失敗の可能性がついてまわる。

起業家の間でよくある会話は、もちろん自分が株式公開やＭＢＯ（マネジメント・バイアウト、経営陣による会社の買収）を何社したかという成功自慢に集中するが、その後に必ず出る話題が、今までに自己破産や倒産を何回したかという失敗自慢である。なぜそれが自慢話になるのか？　しかも大っぴらに。それは失敗知らずの起業家なんて存在しないからであり、その失敗の経験がどれだけ多く、なおかつエグジット（資金回収）したかで起業家としての力量が判断されるからだ。つまり「失敗してなんぼ」の文化がここにはある。

以前、ポートランドのクリエイティブ産業の核ともいうべきWieden & Kennedy（世界有数のクリエイティブ・エージェンシーで、ナイキやコカコーラ、Facebookなどをクライアントに持つ。以下、Ｗ＋Ｋ）で、当時クリエイティブディレクターだったジョン・ジェイ（現ファーストリテイリングのグローバルクリエイティブ統括）が言った言葉が思い出される。W＋Kのスローガンは「Fail Harder」だ。実際、W＋K本社の最上階の一番目立つ壁に「FAIL HARDER」と書いたアートワークが飾ってある。つまり「ただ失敗するな。どうせ失敗するなら馬鹿でかい失敗をして多くを学べ！（もちろん、同じ失敗は繰り返さないことが前提だが）」というのだ。W＋Kでは一度や二度の失敗ではクビにならない。だから社員たちは新しく、ときにはクレイジーで、摩訶不思議と思われるアイデアをどんどん出しあい、広告や事業企画という形で世に出し、クライアントを成功に導く。

次節以降、こうしたポートランドのクリエイティブビジネスを支えてきたPDCの戦略や対策について紹介する。

②　PDCの経済開発戦略

ポートランド市の経済開発活動の要となるのが、5年ごとに更新される経済開発戦略書である。この戦略づくりはPDCがリードをとり、外部のコンサルタントを雇い、オレゴン州経済開発局、GPI（Greater Portland Inc.、詳しくは後述）、ポートランド港湾局やメトロ政府などの都市圏のパートナーと協力しあいながら進めている。これが市議会で採用承認を受け、市全体の経済開発戦略となる。

前述のTIFを使った都市再生がハード面の改善だとすれば、この経済開発戦略がソフト面の改善の要になる。

この種の戦略文書は全米のある程度の規模の都市では必ず作成されるが、それらの都市と決定的に違うのは、PDCではこの戦略文書に実行計画書が含まれており、各実行項目に、どの部局（そしてどの担当者が）がいつまでに何を成し遂げなくてはならないかが示され、それに伴う各部局の予算も大まかに確定されていることだ。つまり、この戦略文書がPDCの活動の道しるべとして機能し、PDCの各職員のパフォーマンス・レビュー（成果指標）に直結しているのだ。しかも、この文書をつくっていくプロセスにはたくさんのステークホルダーやパートナーとなる部局やNPO、そして一般市民の声も取り込んでいくので、ポートランドの市民がPDCに、そして市に期待している事項が明確に示されることになる。

経済開発戦略の五つの目標

以下に、2009年から2014年の経済開発戦略書の内容を簡単に紹介する。

まず、経済開発戦略書では次の五つの目標が掲げられている。

①活気のある中心市街地
②健全なネイバーフッド
③力強い経済成長と競争力
④財源、業務や職員への投資の有効管理
⑤社会的公正

PDCの経済開発戦略図

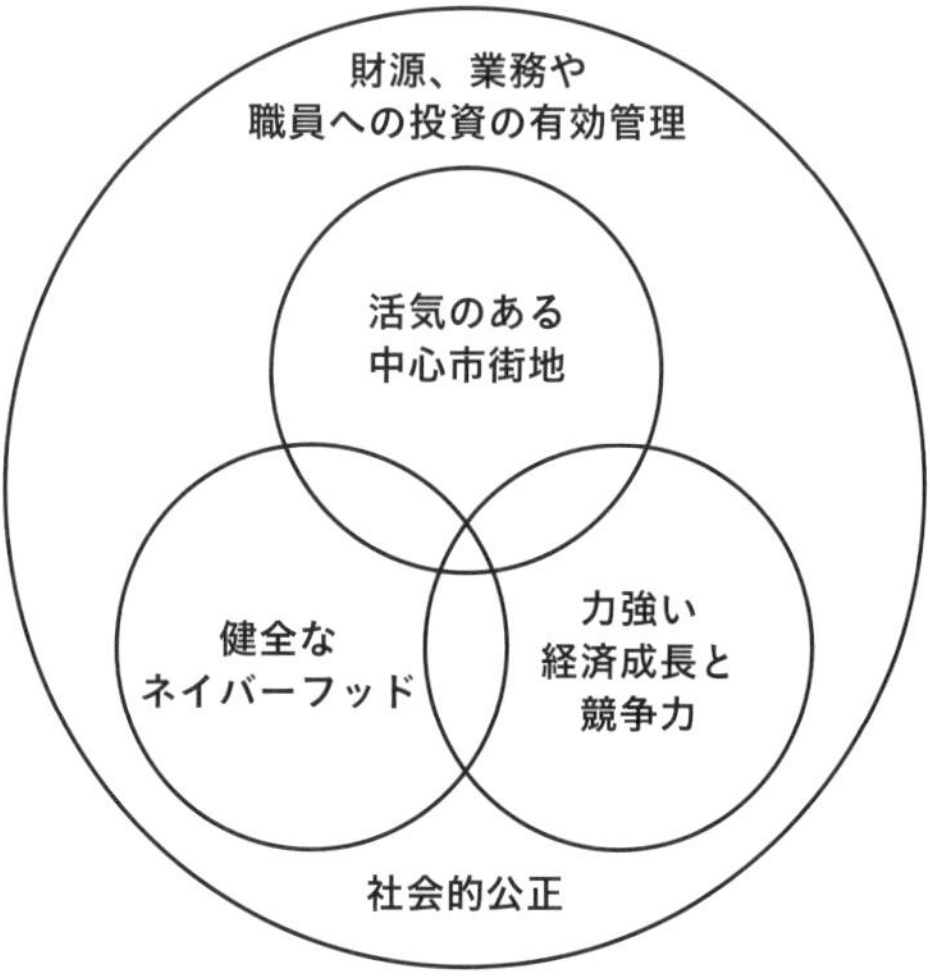

I　活気のある中心市街地

居心地のよいアーバンコミュニティがイノベーションを生みだす。ダウンタウンは街の顔であり、特にポートランドはオレゴン州の顔とも言える。50年代以降、モータリゼーションにより郊外化が進み、一時はドーナツ化現象の典型のようになってしまったダウンタウンも、今では住・職・商・学・遊が調和した都市空間に成長した。これからは、いかに多様な雇用を増やすか、次世代の産業が育ちやすい環境やインフラを整備していくかに重点をおいた取り組みをしていく。

2 健全なネイバーフッド

パール地区で培われてきた住・職・商・学・遊が一体化した「20分圏コミュニティ」が地域開発のビジョン。活気のある地域を構築するために、PDCは技術革新、インキュベーション、イノベーションが持続的な効果を生むような地域内パートナーシップづくりに活動を集中させる。広い歩道、安全な通りなど、共通の目標のために事業主たちと協力する。賑わいのあるネイバーフッドはポートランドの最高の資産として市民の居住性を高める。

3 力強い経済成長と競争力

地元のクラスター産業と起業家の支援を軸にイノベーティブな経済圏をつくる。この5年間で1万人分の雇用を増加させることが目標。後述する4分野をターゲット産業とし、雇用増進のために各産業へ戦略的に介入し、事業拡張支援を行う。また、各分野の輸出拡大や海外投資を増やすべく、イノベーティブな支援をする。

4　財源、業務や職員への投資の有効管理

財源や投資の有効利用、管理と意思決定プロセスの透明化を図り、市民やステークホルダーからの信頼を得る。また、効果的な自治とよりよいコミュニケーションを通じて、多様で高い能力とやる気のある職員を引きつけられる魅力的な職場環境をつくり、都市圏でも選り抜きの雇い主となる。

5　社会的公正

前述したすべてのプログラムにおいて、歴史的、そして社会的に不利な立場に置かれている市民、企業、団体などに公平に恩恵がもたらされるように各プログラムの見直しと強化を図る。

③ ポートランドのターゲット産業

ポートランドでは、以下の4分野をターゲット産業とし、事業拡張支援を集中して行っている。

右／オレゴン州東部に開発された Portland General Electric 社の風力発電施設
左／市が奨励金を出して街中に増えているグリーンルーフ（屋上緑化）

クリーンエネルギー&クリーンテクノロジー

今後さらに成長の見込まれるグリーンな産業の拡張戦略や資金調達など持続可能な政策を開発し、ポートランドを世界のグリーンビジネス産業の中心地の一つにする。

その取り組みの一つとして、風力発電のタービンなどをつくる、世界的に著名なデンマークの風力発電機メーカーVestas Wind Systems A/Sや、スペインの再生可能エネルギー開発会社Iberdrolaを誘致した。ただ、海外の企業を誘致しても、利益は本国に還元されるので、この電力産業にポートランドの地場の産業を適合させていく。たとえば、これまで船や自動車のパーツをつくっていた鉄工業の会社に風力発電機のパーツをつくる仕事を斡旋するなど、サプライチェーンの多様化を図る。

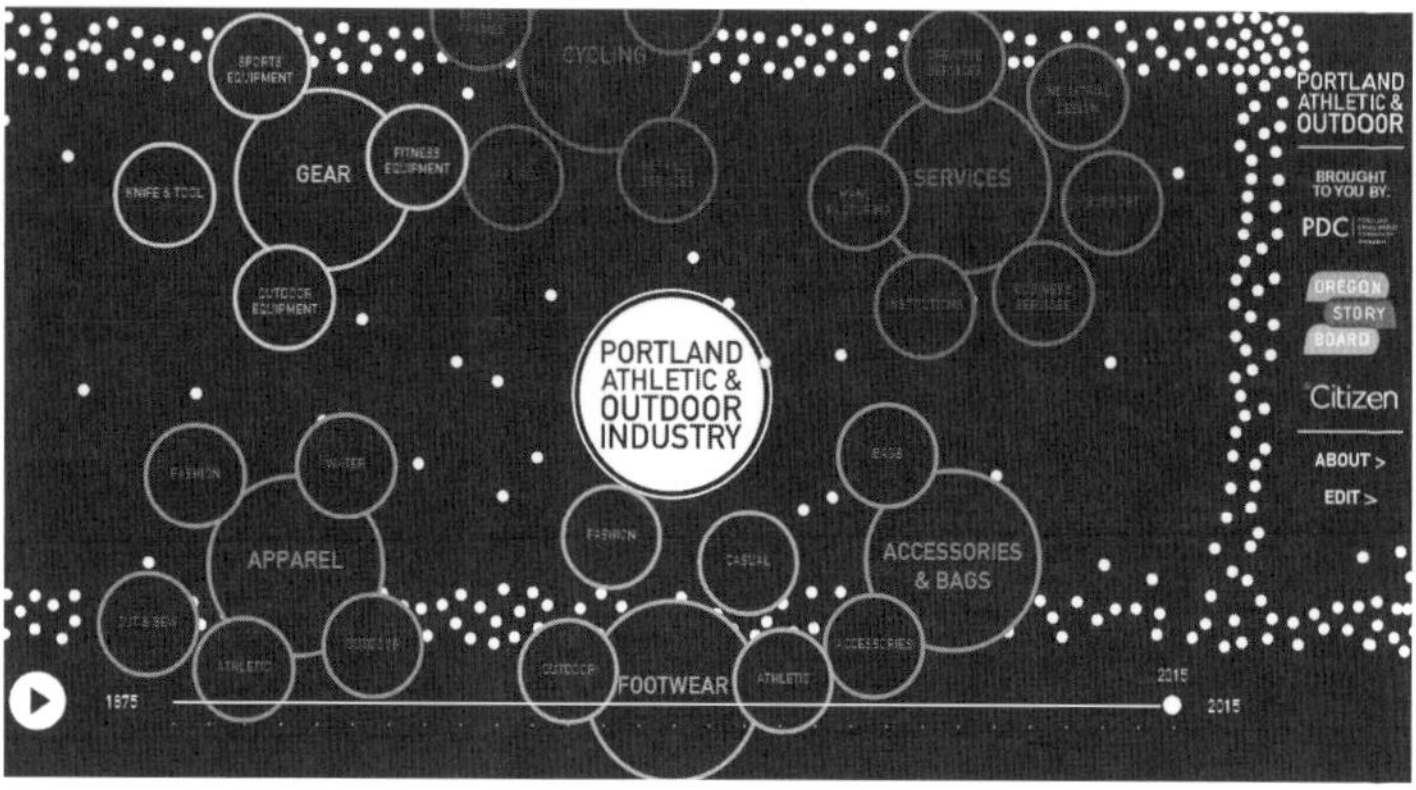

ポートランド都市圏のスポーツ・アウトドア産業地図。産業の歴史とアパレル、ギア、フットウェア、サイクリングなど各分野の企業のつながりがわかる（http://ecosystem. aoportland. com/）

スポーツ＆アウトドア

スポーツブランド業界のメッカとして、ポートランドは多くのブランドをひきつけている。ナイキを筆頭にアディダスの北米本社、コロンビア、アンダーアーマー、キーン、ミズノなど数百のスポーツブランド、アウトドアブランドがしのぎを削る。

ナイキ、アディダス、コロンビアのビッグ3の下にいくつかのミドルクラスの企業があり、スピンオフした新興企業やW＋Kなど広告・マーケティング会社などもスポーツ産業とともに成長してきている。市は業界の横のつながりや新たなベンチャーが育ちやすいエコシステム（生態系）の確立を支援している。

中小企業の成長を促すために「Peer-to-Peer

PDC とオレゴンテクノロジー協会が主催して製作した地場テクノロジー産業を紹介するビデオ「テックタウン・ポートランド（TECHTOWN PORTLAND)」(https://vimeo. com/65576329)

Discussion」という会を定期的に開催して、新興企業と老舗企業とをマッチングしたり情報交換をすることで全体のレベルを上げていく。また、全体のデザイン能力の向上を図るため、デザインからプロダクトができるまでのトレーニング、プロダクトのマーケット戦略など、企業の育成と成長戦略までをサポートしている。この分野の人材は年齢層が若いので、次世代のリーダーを対象にした「AOYP（Athletic Outdoor Young Professionals)」というネットワーキングと教育を目的としたイベントも行われている。

ソフトウェア&デジタル

昨今、安価で優秀な人材と不動産を求め、多くのITプレイヤーがシリコンバレーからポートラ

右／Columbia Steel社の製鉄所。1901年に創業。国内に数社しか残っていない垂直統合生産が可能な摩耗部品の製造拠点
左／ストリートカーの車両は地元でOregon Iron Works社が製造する

ンドへ移転し拡張を続けているため、マネジメント層の人材不足が目立っている。ＰＤＣはＩＴベンチャーへの持続的な資金支援とともにマネジメント層の人材の誘致と育成に力を入れている。

鉄工業

ポートランドには１９３０年代以降栄えた造船、鉄道車両、建設用重機を製造販売する企業も多い。産業自体の成長はほぼ横ばいであるが、多くのベビーブーマー（60歳以上）の引退が続き、それに代わる次世代の人材とスキルの育成を集中して支援している。

　また、オートメーションなど工場の効率化への対応が遅れている中小企業には、「ＯＭＥＰ（Oregon Manufacturing Extension Partnership）」というプログラム

を適用し、その領域に詳しいエンジニアリングのコンサルティング会社などを紹介して、生産プロセスの効率化や省エネ化を図る。OMEPのサービス料の半分をPDCが補助金として供出している。また顧客の多様化を支援するために、クリーンエネルギーなどの新産業に参入できるよう、グローバルに活躍する都市圏の大企業のトップと協議をし、彼らのサプライチェーンのローカル化もバックアップしている。

❹ イノベーションを起こすプラットフォーム

最近ではこうした各産業クラスター間のコラボレーションから生まれる新たな取り組みが見られるようになった。たとえば、スポーツブランドとソフトウェア産業が手を組み、スポーツプロダクトをスマート化するソフトウェアをデザインする企業がある。「NIKE+」などのウェアラブル製品はそこから生まれたわけだが、これからさらなる商品化が続くであろう。

鉄工業とクリーンテクノロジーはともに素材の進化が今後の省エネ化の鍵を握っている。いかに環境や身体にいい素材を使ってプロダクトをつくるか。たとえばポートランド都市圏の東部、グレシャム市のボーイング社の工場に鉄鋼を供給する企業が鉄とカーボンを組み合わせて部品の軽量化を図る技術を開発し、航空機などの燃費の向上に成功すると、その技術は風力発電のタービンに使われたりもする。

ハッカソン

「ハッカソン（Hackathon）」とは、ハック（Hack）とマラソン（Marathon）を掛け合わせた造語で、エンジニア、プランナー、グラフィックデザイナー、インタフェースデザイナー、プロジェクトマネージャーなどがチームをつくり、与えられたテーマに対して、それぞれの技術やアイデアを持ち寄り、短期間（1日〜1週間程度）に集中してサービスやシステム、アプリケーションなどを開発（プロトタイプ）し、成果を競う開発イベントだ。ポートランドではＰＤＣ、オレゴンテクノロジー協会や地元のテクノロジー系のインキュベーターなどが共同で主催して社会的課題を解決するというハッカソンが週末になると頻繁に開催されている。

２０１４年にはウェブテクノロジーを使って省エネ化やクリーンテクノロジーを改善する「クリーンウェブ・ハッカソン」が開かれ、そのときに出たアイデアから生みだされたプロダクトやサービスを市が社会実験に採用した。その結果、ハッカソンに参加していたソフトウェア会社 Globe Sherpa がトライメットの切符をスマートフォンで買えるアプリをつくった。そのアプリは、今では

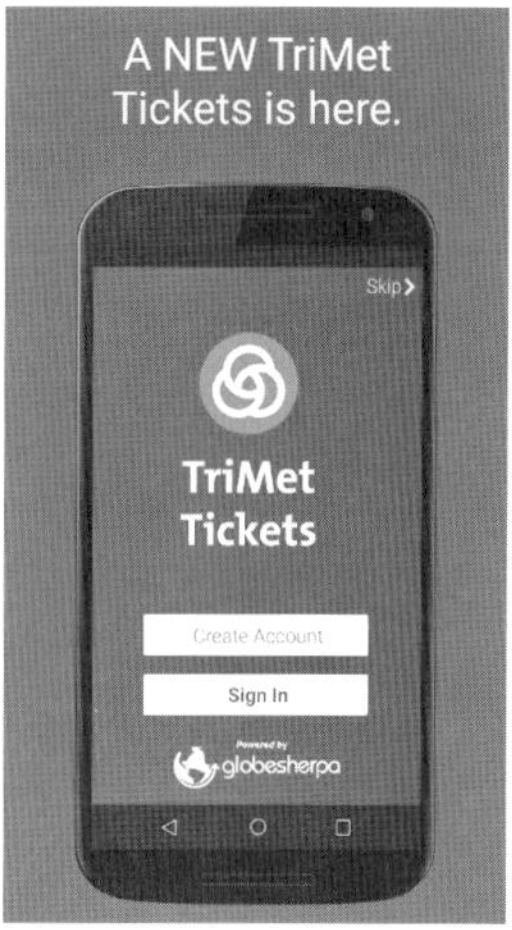

ハッカソンのアイデアが実用化されたトライメットのアプリ

地元住民だけでなく旅行者にも使われるようになった。

最近ではＩｏＴ（Internet of Things）に特化したハッカソンが開かれ、話題になった。ある週末の20時間に集中して、皆で新たなＩｏＴ製品のプロトタイプをつくりあげてしまおうと、１００名以上の参加者とソフトとハードウェアの会社が集まった。インテルがスポンサーとなったハッカソンのテーマは交通関連の問題解決で、ＩｏＴデバイス向けのシングルボードコンピュータ「Intel Edison（インテル エジソン）」を参加者に無料で提供した。このハッカソンでは、ベビーカーが傾斜により勝手に進んでしまうことを防ぐ装置や、自動車内の温度や空気の質を感知し、車内に置き去りにされた子供やペットの危険を外出中の運転手に伝える装置などが考えられた。

アーリーアダプター・プログラム

しかし、このように多くの新しいアイデアや技術が出されても、それがビジネスにつながらなかったり、スケールアップできずにいつの間にか消えてしまうことも多い。では、どのようにして新製品やサービスを育てていくのか。その一つの解決策として、ＰＤＣでは「アーリーアダプター・プログラム（Early Adopter Program）」を設けている。各産業クラスターの担当者が常に企業や製品に目を光らせ、新たなテクノロジー、商品、サービスを見つけては、実用性を見据えたうえで市の各部局や郡やメトロなどの購買部と引き合わせ、そのクオリティを検証し採用する。企業は行政に購入してもらい売上げを得られるうえ、行政が採用したという実績でその後の販売を伸ばしていきやすくなる。特にＩＴやクリーンテクノロジー分野では、市のお墨付きという評価は大きなセールスポイントになるわけだ。

POP UP Portland

ポートランドの新しい産業としてここ数年盛り上がってきているのが、小規模なものづくり、クラフト系のメイカーたちだ。木製のｉＰｈｏｎｅケースで有名なGrovemade、世界で唯一のパフォーマンス・ウッドフレームを使った自転車メーカーRenovo Hardwood Bicycles、Danner や Tanner Goods に代表される古きよきアメリカの革製品、Made in USA にこだわったファッションブランドMake It Good、オリジナルのスタイルを活かしたLift LabelやOlder Botherなど多種多様なポートランドらしいメイカーが増えている。

最近では日本のメディアでもよく取り上げられるようになったポードランドのメイカーシーンは、多くの個人経営者や社員20人以下の小さな企業に支えられている。1人で工房を構えて、本業以外の空いた時間で製作するという兼業者も増えてきている。市では各企業との対話を通してこの新興分野をどうやって伸ばしていくか、どのような支援が求められているか、必要なサポートプログラムを検討しているところだ。

また、これらのブランドの輸出拡大のサポートとして、PDCでは「POP UP Portland」というポートランドのメイカーを集めた展示会を日本各地で行っている。2014年と2015年に16ブランドが参加し、参加ブランドの多くがこの展示会を通して輸入元やパートナー会社を見つけた。大きい案件になると、その場で数百万円の取引まで行き着くこともあり、毎年参加企業は増えている。

参加条件は以下の通り。
①ポートランド都市圏にある企業で、自社の製品のデザインまたは製造を地元で行っていること。
②アメリカ国内で十分な売上げがあり、財政に余裕があること。
③日本市場で長期的に展開する意欲があり、日本のビジネスカルチャーを学ぶ意志があること。
④ポートランドのものづくり文化をきちんと伝えられること。
各社から申し込みを受け付けた後、PDCで適正審査を行う。また、同じような製品やブランド

上／Made in USA にこだわるアパレルブランド Make It Good
下／ハンドメイドのレザーメーカー Orox Leather Co.

美しいウッドフレーム（下）の自転車を製造する Renovo Hardwood Bicycles のオーナー Ken Wheeler 氏と筆者（上）

2015年に東京で開催したPOP UP PORTLANDの様子。自転車メーカーRenovo Hardwood Bicycles（上）やバッグブランドArchival Clothing（下）など8ブランドが参加した

が重ならないように、ＰＤＣのスタッフがキュレーションも行う。

5 PDCのビジネス支援

前述の通り、ポートランド市全体の経済開発戦略はＰＤＣが5年ごとに立案し、市議会が承認する。経済開発戦略の中心になっているのが産業クラスター戦略で、すでにある四つの産業クラスターを密に開発することによって各産業の成長を促し雇用を増やす。ターゲットとなる産業は、あらかじめ雇用数、産業内の立地係数（Location Quotient）と、住民の平均給与や今後期待される成長の度合いなどを見て決定する。

事業拡張支援

産業の成長を促すベースにあるのは、地元企業の維持・拡張支援（Business Retention & Expansion）プログラムだ。各産業クラスターの担当者が、クラスター内の企業の連携強化や効率的な人材確保、サプライチェーンの地域への最適化、そして企業誘致や事業拡大に伴う融資から、国際事業の開発

PDCの都市開発部の経済開発チームが担う各種プログラム

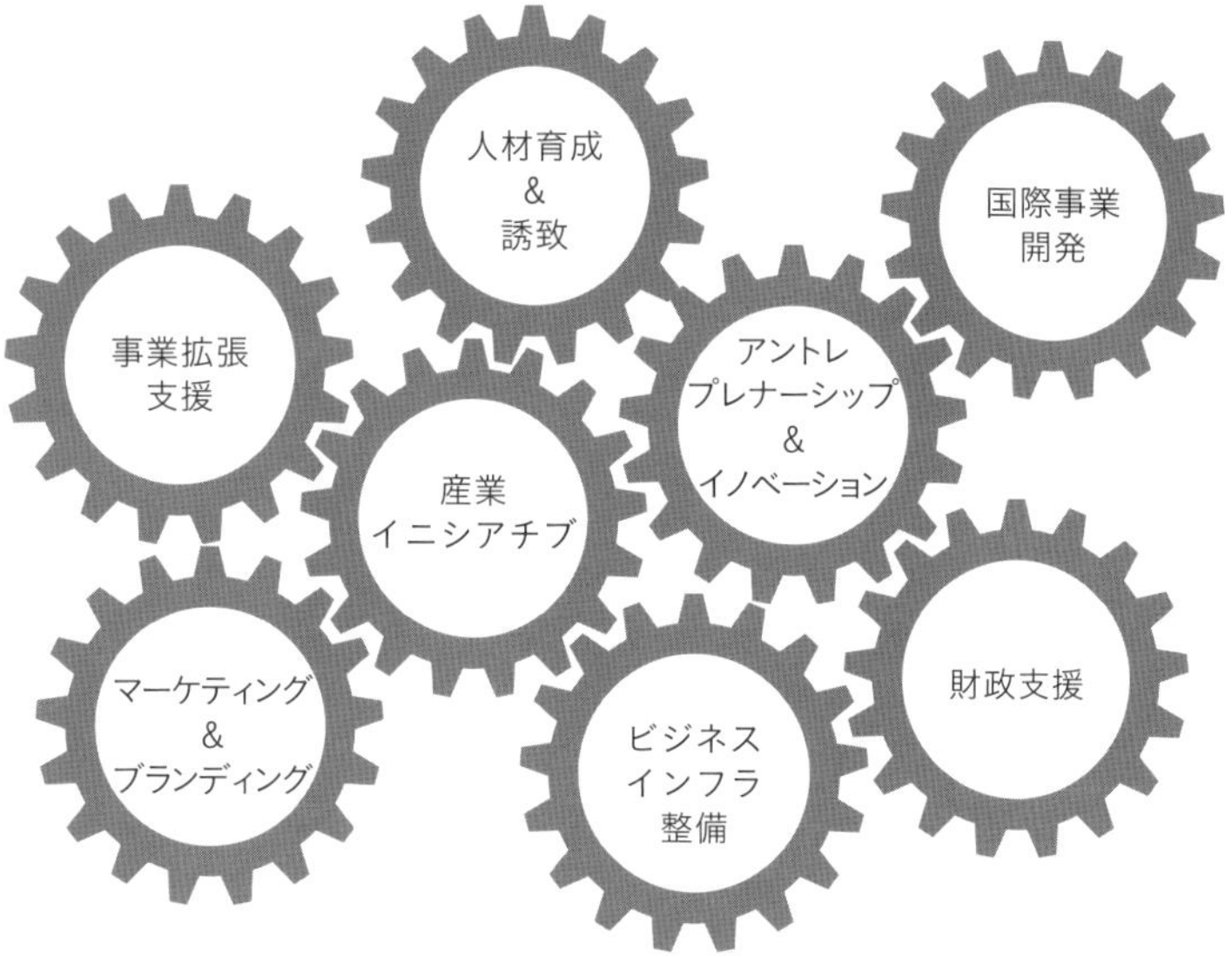

や海外との協定締結支援まで多彩な取り組みを進めている。各産業クラスター担当者は、年に50〜100社と面談を行い、信頼関係を築き、担当する産業の動向やトレンドを日々学んでいる。

また各産業により、そして各企業によって必要な支援が違うので、PDCの担当者と各産業の組合や委員会が協力して前述のAOYPやアーリーアダプター・プログラムのような独自のプログラムを立ち上げ、実行する。開始当初はPDCの担当者がリードするが、なるべく各産業の核となる企業や組織が中心となるように努力を促す。

そのほかにも、国際事業開発、財政支援、起業家支援、景観改善支援など、数多くの企業支援の取り組みが行われているが、そのなかからいくつかを紹介する。

起業支援

ポートランド都市圏の80％以上の企業が、社員20名以下の小企業である。前述した通り、PDCでは投資を集中させる産業分野が決まっており、その分野の小企業に設備投資や運転資金などを融資している。たとえば後述するPDCの「Gap Financing」や連邦政府の中小企業庁（Small Business Administration）が融資する「SBAローン」は銀行の金利（通常6〜7％）に比べると低金利である。返済についても、銀行ローンの返済期間の後にまわすなど、融通を利かせたファイナンシングで危機に瀕した会社を救済したり、伸びている会社にさらなる後押しをしている。

Startup PDX Challenge（起業のためのオフィスと資金を支援）

ポートランドでは、起業家を支援するさまざまなプログラムが実施されている。PDCの「Startup PDX Challenge」はその一つだ。Startup PDX Challengeは、毎年恒例のビジネスモデル・コンテストで、受賞者は1年間に、5万ドル相当の事業支援を受けることができる。

ソフトウェアベンチャー企業Brandliveは、PDCの運転資金の融資を活用して製品の開発、マーケティングに充てた。今ではリーバイス、ニューバランス、GoProなど世界有数の顧客を確保するまでに成長している

Startup PDX Challengeのコワーキングオフィス

まず、書類選考され、一次選考通過者は一般市民の投票を経てプレゼンテーションの機会が与えられ、最終的に6組が選ばれる。勝者は2万5千ドルの資金援助を受け、モダンにリノベートされたコワーキングスペースに1年間無料で入居できる。そのうえPortland Incubator Experiment（PIE）を介してビジネス・財政面、法律、マーケティング、雇用・人事などのアドバイスを各分野の専門家から無料で受けられる。最近では特に人種・性別・障がい等における社会的マイノリティの起業家を優先して支援することにも力を入れている。

Gap Financing（銀行で融資してもらえない差額を支援）

設立3年未満の新企業が銀行から融資を受けるのは大変難しい。自分の持ち家などの個人資産を担保に多少の額は貸してもらえるかもしれないが、実際に必要な融資額とのギャップ（差額）が生まれる。そこでPDCが銀行と企業の間に入ってローンの頭金や不足額の一部を融資する。特に前述の「Startup PDX Challenge」の新規企業などで、すでにPDCと関わりがあり、今後成長する可能性があるとわかっている企業が銀行から融資を必要としている場合には、PDCが銀行の融資担当者に推薦状を書いたり、不足分を銀行よりも低金利で一時的に融資したりもする。これらは各産業担当者が年間数十社の企業をまわって普段から企業の財政状況や要望を把握し、ある程度の信頼関係を築き、融資の必要性を理解しているからできることだ。

希望する企業はPDCで産業担当者や融資担当者とミーティングをして、局内の審議会を経て決裁される。こうしてPDC（官）が税金を使ってある程度のリスクをとることにより、銀行（民）も成長の可能性がある企業に対して融資をしやすく（つまりリスクをとりやすく）なる。その結果、企業としては必要な融資が受けられ、事業拡張が可能になり、いずれは収入が増え雇用も増える。PDCとしては地元の小企業の成長を支援でき、小額ではあるが利子が入る。銀行としては、PDCと連携することにより安心して顧客と融資高が増やせる。つまり、これは官民連携のWin－Win－Winのパートナーシップなのである。

Storefront Improvement Program（店構えの改修費を支援）

PDCの都市開発部では、ダウンタウンの商業集中地区やネイバーフッドの商店街など都市再生地区で、店構えの改善が必要な企業やテナントに対し、店の1階玄関口と歩道に面した壁面の改装費の補助を行っている。各地区により上限は違うが、たとえばダウンタウンのパイオニア・コートハウス・スクエア周辺の建物であれば、改装費と看板デザイン費用の50％、上限2万ドルまでを不動産所有者（またはテナント）へPDCがTIFから支払う。これにより、都心部や商店街の景観の改善を促すとともに不動産価値の上昇にもつながる。

Portland Seed Fund（コミュニティベースの投資会社）

それ以外にもPDCが投資している投資会社Portland Seed Fundに、担当している起業家を斡旋して投資を引き出すという支援も率先して行っている。このファンド会社はコミュニティベースなので、返済の融通も利くし不必要に高額な手数料を取られることもない。起業して間もない企業に積極的に投資を行い、成長の後押しをしている。

企業誘致

他都市とは真逆の誘致戦略

市の開発に携わる人間として時々感じるのは、今まで仕事をしてきたほかの都市に比べて、ポートランド市内には大きな企業を誘致しづらいことだ。

アメリカ国内では年間平均1万社以上（景気がよいときは数万）の会社が移転や拡張をし、新しい事業所を建てたり買ったりしている。全米の各都市には必ず1人、大都市では数十人の企業誘致の担当者（その多くは都市計画や市政担当官などの役職と兼任）がいるが、彼らは1社でも多くの会社を誘致して街の雇用を増やそうと努力している。いわば、事業所候補地としての街の宣伝役だ。

この競争は年々厳しくなっている。世界中の企業がグローバル戦略を立て、世界最大の市場であるアメリカに続々と進出してくる。1980年代から2000年代前半にかけてはドイツ、日本、韓国の自動車会社の多くが、人件費と土地の安いアメリカ南部に進出し、地元で生産した車で市場確保を争った。南部の各州と市がインセンティブ（税金優遇措置）を競いあい、ときには自動車工場の初期投資の3分の1に相当する額のインセンティブを出し、工場誘致を勝ち取ったというエピソードもあるほどだ。

特に僕が以前住んでいたテキサス州は、アメリカ国内で最もアグレッシブに企業誘致をすることで有名だ。州政府が企業誘致の最終段階で競争相手とのインセンティブのギャップ（差額）を埋めるための特別なファンド（数億ドルともいわれる）を持っているほどだ。そして、テキサス州の各都市は潤沢な予算と広大な工業用地を抱え、虎視眈々と工場の移転、拡張の機会を狙っている。しかし長い目で見ると、企業誘致というのは、多大なお金と時間と労力がかかる割には成功率はかなり低く、投資の見返りが得られない可能性が高い。

それに対して、ポートランドは土地利用のルールが厳しく、開発可能な土地の値段は割高なうえ、市もこの街でなければ事業ができないという企業、つまりポートランドと相性のよい企業でないとインセンティブを出さない。これはほかのアメリカの都市とは真逆の考え方だが、見方を変えればとてもポートランドらしい。先見性があり、多少初期投資が高くついても、この街のよさを理解している企業、そして長期的にそのよさに貢献できる企業には、市議会を説得してでもインセンティブを出す。だから僕が担当している企業誘致の仕事は簡単ではないけれど、誘致が成功したときの喜びは大きいし、ポートランドに進出を決めた企業はここで成功し発展し続けることが多い。

企業誘致を主導するNPO、GPI

企業誘致に関しては、ターゲット産業の企業と雇用を増やすため、2010年頃までは、PDCが都市圏全体を主導していたが、今はGPI(Greater Portland Inc.)というポートランド都市圏のマーケティングを担うNPOが設立され、GPIが主導している。

PDCがGPIに毎年10万ドル強の資金を出してサポートしているが、都市圏のほかの都市からも資金の提供を受けている。また一般企業も会員として参加しているので、企業からも資金を募って、ポートランド都市圏のマーケティングと企業誘致の営業活動を行っている。つまり、ポートランド市のことに集中するPDCと役割を分担しているのだ。都市圏全体の大きなプロジェクトはGPIが音頭をとり、企業誘致などで複数の都市が関わる場合にはGPIがまとめ役、企業への窓口となる。

GPIの各産業分野の誘致担当者は、新事業立ち上げに伴う諸税金の優遇、たとえばエンタープライズ・ゾーン（固定資産税の優遇措置が受けられる地域）への誘致、開発負担金の優遇、従業員の確保や訓練費用の負担などのプログラムを熟知していて、産業分野によって使い分けている。

もちろん、どんな企業でも誘致するというわけではなく、地域性や優遇策のツールを考慮して戦略的に企業にアプローチしている。

最近の誘致の例では、ドイツの自動車大手、ダイムラーの商用車部門であるダイムラー・トラックスの北米新本社をポートランドに建設することを発表した。総投資額は、1億5千万ドルで、2016年の完成を見込む。

ダイムラーがなぜポートランドのような小さな街に本社建設を決めたのか？　これまで製造業の企業は税金や土地や労働力が安い場所を探すのが当たり前だった。しかし、競合他社との競争に勝つにはものづくりのイノベーションを起こさなければならない。それにはグローバルな視野を持つ知的な人材が必要だ。つまり、土地やお金でなく、人が一番大切だということに気づいたのだ。

ポートランドは、街のサイズに比して学歴の高い人やビジネス経験の豊富な人、生産性の高い人やライフスタイルにこだわりを持つ人が多い。そういう人材が集まる場所を探していたダイムラーにとって、ポートランドはまさにぴったりの場所だったのだ。

Portland

7章

ポートランドのまちづくりを輸出する

今、世界中で都市への人口集中が加速している。1960年の世界の都市人口は34%、3人に1人の割合だった。それが2014年には54%にまで増えた。そして、世界中の都市ではスプロール化が進み、自動車が増え、生活環境は悪化している。

こうした世界的な状況に対して、都市の生活環境の改善に取り組み、サステイナブルなまちづくりで成功を収めてきたポートランドでは、その方法論を他国に輸出するしくみの構築に力を注いでいる。

1 連邦政府に選ばれた国際事業開発

輸出の割合が高いポートランド

ポートランドが、リーマンショックから続いている不景気により滞っていた国際事業に再度力を入れはじめたのは2012年頃からだ。1980~90年代にはNEC、富士通、信越化学工業、京セラなど半導体産業を中心とした日本のメーカーの誘致に成功した。日本がバブル景気に沸き、円が強く海外投資が盛り上がっていた時期だ。その後バブルが終息すると、日本からの投資は下火に

輸出成長率の全米上位10位の都市圏（2003〜2008年）

順位	都市圏名（州）	年間輸出成長率	輸出に最も貢献している産業	左記産業の輸出増加率
1	ウィチタ（カンザス）	22.3%	運送設備	77.3%
2	ポートランド（オレゴン）	20.2%	コンピュータ・電子機器	67.2%
3	ニューオリンズ（ルイジアナ）	20.2%	石油・石炭製品	58.6%
4	ヒューストン（テキサス）	20.0%	化学製品	31.6%
5	プロボ（ユタ）	17.5%	一次金属製品	45.3%
6	ブリッジポート（コネチカット）	17.5%	化学製品	31.6%
7	バトンルージュ（ルイジアナ）	16.6%	化学製品	39.9%
8	ハートフォード（コネチカット）	16.4%	運送設備	55.8%
9	ラスベガス（ネバダ）	16.2%	観光	36.8%
10	オースティン（テキサス）	16.0%	コンピュータ・電子機器	42.0%
	上位100都市圏平均	8.7%	運送設備	14.0%
	全米平均	9.2%	運送設備	13.8%

なった。それとともに州や市の方針も変わり、海外からの投資を呼び込むのではなく、地場の企業の育成にシフトしていった。地場の企業の収支が増えると、地場の経済も成長する。

２００８年のリーマンショックの後、海外投資を誘致する活動はさらに減り、地場の産業育成で手一杯の状態が続いた。その後２０１０年に、オバマ政権が不況を脱するための戦略の一環として「輸出倍増計画(National Export Initiative)」を発表。それを実行するため、政府のシンクタンク「ブルッキングス・インスティチューション（The Brookings Institution、以下、ブルッキングス）」に国家戦略づくりが依頼された。ブルッキングスは輸出を拡大する実験都市として、ポートランド、ロサンゼルス（カリフォルニア州）、シラキュース（ニューヨーク州）、ミネアポリス（ミネソタ州）を選んだ。ポートランドが選ばれた理由は、都市圏経済で輸出の割合が多く、かつコンパクトにまとまっている都市だからだ。

ポートランドはカンザス州のウィチタに次いで全米で二番目に輸出成長率が高く、都市圏総生産に占める輸出の割合も高い。世界一大きなインテルの半導体研究所と工場がポートランド都市圏のヒルズボロ市（ワシントン郡）にあり、インテルとその製造業者の輸出額だけで都市圏の5〜6割を占める。そのほかにも、国内はもとより日系の製造業者も多く、その地域で生産される半導体のほとんどが州外へ搬出される。

ポートランドは市の規模に対して収入は多いが、税率が低いので行政の予算はそれほど潤沢ではない。インテルの輸出額は主にヒルズボロ市の税収に、ナイキも本社のあるビーバートン市（ワシントン郡）の税収に貢献している。

輸出倍増の四つのビジネスプラン

実験都市として選出された後、4都市は5年間で輸出を倍増するビジネスプランづくりに着手した。それが「都市圏輸出構想（Metropolitan Export Initiative）」である。ポートランドでは、ＰＤＣの経済開発担当者、市長室の国際交流担当者、ポートランド港湾局、ＧＰＩの担当者、そして周辺都市であるビーバートン市、ヒルズボロ市、グレシャム市、クラカマス郡の経済開発局の担当者など12名からなる委員会が設けられた。委員会では約半年間、毎週ミーティングを繰り返し、都市圏輸出構想のビジネスプランを作成した。このビジネスプランには予算や日程、担当者、サポート機関などが細かくマトリックス化され、オンラインで公開されている（http://www. brookings. edu/~/media/Projects/state%20metro%20innovation/export_initiative_portland. PDF）。

プランには4本立ての大きな戦略がある。一つ目は、都市圏の最重要輸出元であるインテルとそのサプライチェーン企業が健全な経営を維持し拡張してゆくためのサポート。二つ目は、戦前からの地場産業である鉄工業のより積極的な輸出開発に向けたサポート。三つ目は、これまで海外企業の誘致にばかりフォーカスしてきた経済開発担当者の輸出開発に向けたトレーニング。そして四つ目がポートランドの得意分野である、環境都市開発のブランディングとそのノウハウの輸出である。

このビジネスプランをもとに、輸出開発と国際事業が本格化するのが２０１２年初頭だ。僕がＰＤＣに雇われたのは、ちょうどこのビジネスプラン作成の最終段階で、二つ目と四つ目の戦略のマネジメントと実行を任された。ＰＤＣでは事業の実行に必要な国際的な人材を確保する一方で、今までの産業クラスターの担当者が、国内の事業開発だけでなく輸出に関する要望を戦略化する営業活動にシフトしていった。たとえば鉄工業で貨物列車のシャーシをつくっている企業に対し輸出に

ポートランド都市圏輸出計画書

関する要望や可能性を掘り下げ、海外の市場や企業、リサーチすべきコンタクト先などのサポートを行うようになる。

このビジネスプランの実行を始めて3年くらい経つが、まだまだ担当者が国内を向いて仕事をしているので改善の余地は大きい。国際ビジネスについてのワークショップに企業と一緒に出向くなど少しずつビジネスチャンスを探り始めている。

②　世界に拡げるグリーンシティの技術

環境都市としてのブランディング

このビジネスプランのなかで最も成功し国内外から注目を浴びているのが、四つ目の環境都市開発のブランディングと、そのノウハウの輸出を目的として立ち上げられた「We Build Green Cities」だ。ポートランドは全米主要都市で唯一、人口と経済の成長を遂げながら、二酸化炭素の排出量を減らし続けている都市である。またその都市計画もコンパクトかつ効率的で、全米で住みたい街第一位の座を過去10年間キープしてきた。

ポートランドでは1970年代から市民主体の環境政策に力を入れ、現在では世界各国の会議で州知事や市長が講演に呼ばれるほど環境都市として有名になった。そこで環境都市開発のノウハウを輸出するにあたって、皆で共有できるわかりやすいブランドとストーリーが必要になった。

2012年10月、PDCと民間企業がパートナーシップを組み、立ち上げられたのが「We Build Green Cities」である。PDCが当時PoSI（Portland Sustainability Institute）というNPOやWieden & Kennedyといった都市開発のキープレイヤーに協力を仰ぎ、ブレインストーミングを重ねてできあがった。

We Build Green Cities の輸出プロセス

We Build Green Cities（WBGC）にはブランディング戦略があり、PDCと企業のパートナーシップで輸出を促進するという目標を掲げている。WBGCの輸出の基本プロセスは以下の通りだ。

We Build Green Cities のコンセプト

かつてポートランドは緑豊かな深い森に覆われた谷にあった。しかし、ほとんどの都市と同様に、我々は川や空気を汚染し、いつしか「スタンプタウン（切り株の街）」と呼ばれるようになった。そして過去40年にわたり、ポートランドを薄汚れた街から緑の街に変えてゆくために我々は一生懸命努力を重ねた。

地元企業が集い、よりよい街をつくるために活動をともにしたことで、パートナーシップとインスピレーションの文化が発展した。時間が経つにつれて、企業のパートナーシップがクライアントの問題を解決する際により効果的だということがわかった。

そして今、ポートランドは経済と環境の両方を向上させた、世界でも数少ない都市の一つに返り咲いた。過去20年間で二酸化炭素排出量を1人当たり28%、都市として8%下げることに成功し、雇用も13%、給与も30%増加した。今では多くの人々がこの街に住みたがり、ポートランドは成長を続けている。

我々は、グリーンな街を目指す世界中の人々と、我々が自信を持ってお届けするアイデア、製品、そしてサービスを共有する。そして協働と発明の精神で、ともに次世代の都市の課題を解決していく。

We Build Green Cities の取り組みの流れ

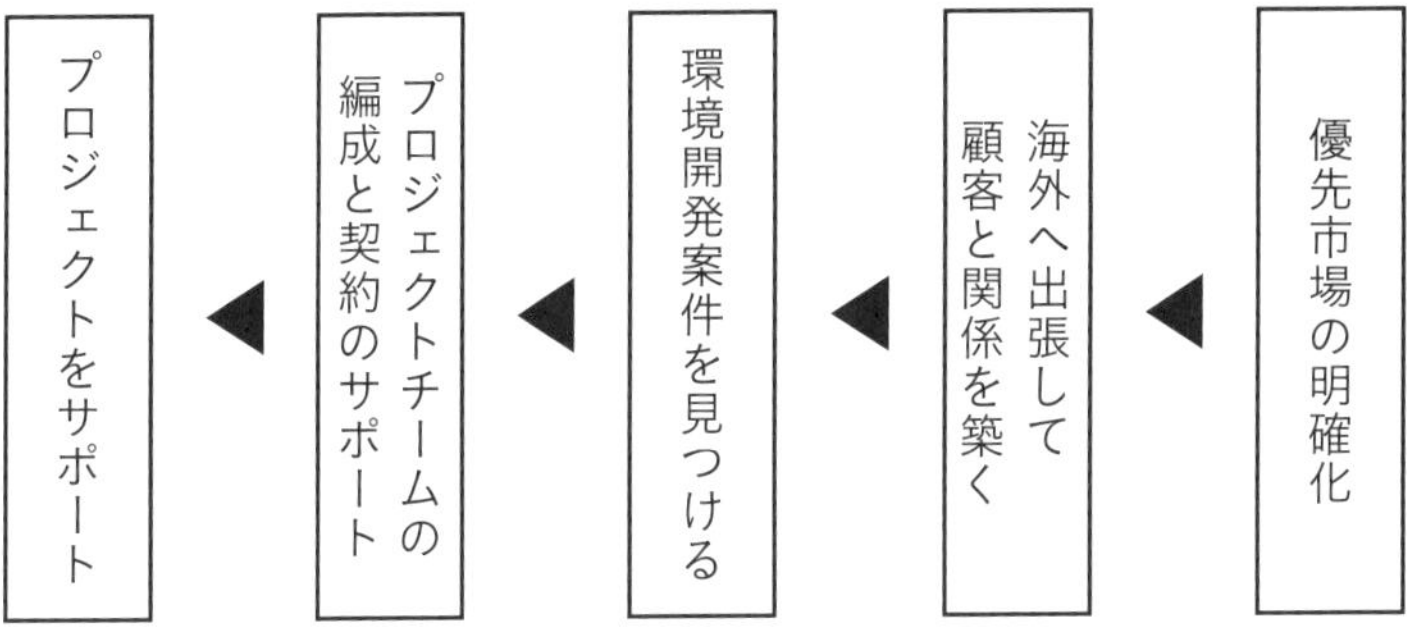
優先市場の明確化
海外へ出張して顧客と関係を築く
環境開発案件を見つける
プロジェクトチームの編成と契約のサポート
プロジェクトをサポート

①ＰＤＣがリーダーシップをとり、海外視察団の受け入れまたは海外出張においてＷＢＧＣのプレゼンテーションを行う。

a　視察の趣旨や開発プロジェクトについて確認をし、その内容に合った専門家チームで視察に対応する。

b　海外出張の場合、ターゲットとするデベロッパーや自治体のプロジェクトに合わせて、前もって興味のある企業を集め、専門家チームをキュレーションする（この際、なるべくポートランドで同種の開発プロジェクトを経験した人材を集める）。

c　興味を持った自治体またはデベロッパーの最終決裁権のある人間と面談し、プロジェクトの詳しい内容を把握する。

②プロジェクトチームの参加意思を確認し、リーダー（元請）企業とチームリーダーを決める。

③チーム合同でプロジェクトの提案書を作成、リーダーが

契約の交渉をする。
④地権者、住民、地元企業、商工会議所などを含めたデザイン・ワークショップを通して開発コンセプトを作成。開発の方向性を決める。
⑤現地のパートナー業者（自治体、デベロッパー、建築設計会社、施工会社など）との打ち合わせをする。
⑥マスタープランを作成し、開発基準、開発優先順位を決め、資金調達や運営方法などを検討する。
⑦現地の設計会社と協業して建築を設計する。
⑧現地の施工会社が施工する。

海外へのアプローチ

WBGCを含め、どの輸出戦略も、最終的にサービス（または商品）を海外のクライアントに買ってもらわないと輸出事業として成立しない。いくら州や市のリーダーが世界各地でポートランドのサクセスストーリーを紹介して聴衆が感動しても、世界中から何万人の視察者が訪れても、街の収益にはつながらないのだ。

WBGCはポートランドの街の素晴らしさを宣伝することより、事業を開発することが活動の主体だ。そのため、どのようにしてポートランドが一度は荒廃した自然やダウンタウンを40年かけて改善したのか、そのノウハウを実際に街の改善に携わってきた企業を通して共有していくアプローチを考えた。

たとえば今中国では急激に都市化が進み、大気や水の汚染も深刻化している。中国からの視察者に彼らが抱えている課題を聞き、それを解決できる技術を持つポートランドの企業を紹介する。

このとき、ポートランド側の企業の選択が重要だ。ポートランドはあくまで地方中堅都市なので、中小企業が多く、すべての企業が海外のプロジェクトを手掛けた経験があるわけではないからだ。参加企業を選ぶにあたって大事な点がいくつかある。

①その企業のトップが海外市場（たとえば中国）への進出を望んでいるか。そして、海外市場を拡大する戦略に重きを置いているか。
②相手国での経験があり、その情勢やアメリカの文化との違いを理解しているか。
③相手国の言語を話せ、文化に精通しているスタッフが社内にいる、または最低でも通訳者へのアクセスがあるか。
④財政に余力があるか。

過去に市長室の国際交流担当者が実際に中国に出向き、ポートランド市と昆明市との間で環境提携の話が進んだことがあった。しかし、長期的なビジョンや戦略が打ち立てられず、実行することを明確にしなかったため紙面上の合意に終わり、ポートランド企業のノウハウの輸出には至らなかった。何カ月もかけ、お互いの市長や担当者が何度も行き来した挙句、ようやく辿り着いた結果が合意書一枚では、まったく税金の無駄遣いである。

企業の海外進出のリスクを指標化

こうした輸出戦略を実行するにあたり、地元企業に輸出に関してアンケートを取り、前述の4項目と必要としている支援内容について調査した。すると、彼らが最も懸念していたのは、どのように進出先を選び、その市場でプロジェクトを見つけるかということであった。そして多くの企業が、海外のプロジェクトで、努力をしたが契約には至らなかったという経験があることもわかった。文化的な違いや、建設工程の違い、現地と会社をつなぐ人材の不足などが原因である。そのうち数社は、中国の建設ブームにあやかろうと、自腹で中国へ飛び、開発プロジェクトを数年にわたり進めたが、一銭も支払われなかったという。これは海外デビューする企業にありがちな失敗である。市場が急成長しているからといって、十分な調査をせずに飛び込み、その国特有の風習やルールを理解する前に作業を開始し、見込んでいた報酬をもらえなかったり、報酬をもらえても高額の法人税を取られるケースがある。このような失敗談は実際のところよくある話ではあるが、ポートランドの中小企業には相当の痛手である。

本来、企業の海外進出のサポートは連邦政府の商務省の仕事である。彼らは各国のアメリカ大使館に職員を抱えており、国内企業が各国に進出する際の市場調査や商談をサポートすることになっている。しかし、こうした商務省から提供されるはずのサービスは、各国の大使館の規模と担当職員の経歴によりその質が大きく異なるのである。

そこで、PDCでは企業が進出先を選ぶにあたって参考になる「OESC」という指標を作成した。

O（Opportunity）：プロジェクトの機会や必要性があるか

E（Ease of Doing Business）：世界銀行のビジネス環境ランキング

S（Size of Market）：市場規模

C（Connection）：ポートランド市、オレゴン州とその海外市場との間にある関係（州政府事務所、姉妹都市など）、人と人とのつながり、コネクション

評価基準をつくるにあたって、市場規模だけではなく、プロジェクトの実現可能性やコネクションの存在なども重要な評価ポイントだ。簡単に入っていける市場とそうでない市場を分別し、まず上位に入った国を並べる。

たとえばブラジルでは、ワールドカップやオリンピックでプロジェクト数は格段に多いが、国内企業が重視され、海外企業は高い税金を強いられる。世界銀行のビジネス環境ランキングを見ると、

世界銀行のビジネス環境ランキング（2015年）

順位	国名	DTF スコア	
1	シンガポール	88.27	
2	ニュージーランド	86.91	↑
3	香港	84.97	↑
4	デンマーク	84.20	↑
5	韓国	83.40	↑
6	ノルウェー	82.40	↑
7	アメリカ	81.98	↑
8	イギリス	80.96	↑
9	フィンランド	80.83	
10	オーストラリア	80.66	
11	スウェーデン	80.60	↑
12	アイスランド	80.27	
13	アイルランド	80.07	↑
14	ドイツ	79.73	
15	ジョージア	79.46	
16	カナダ	79.09	
17	エストニア	78.84	↑
18	マレーシア	78.83	↑
19	台湾	78.73	↑
20	スイス	77.78	↑
21	オーストリア	77.42	↑
22	アラブ首長国連邦	76.81	↑
23	ラトビア	76.73	↑
24	リトアニア	76.31	↑
25	ポルトガル	76.03	↑
26	タイ	75.27	↑
27	オランダ	75.01	
28	モーリシャス	74.81	↑
29	日本	74.80	
30	マケドニア共和国	74.11	↑

ブラジルは116番目。外国企業はブラジルで利益を上げても7割が税金として取られるので、結局損をすることになる。世界中の脚光を浴びる中国はブラジルより大きな市場があり、都市化が進んでいるため開発機会はたくさんあるが、制度や法律の透明性や政治の安定性に欠けるので、世界銀行のランキングはやはり96位と低い。ランキングの上位はシンガポール、ニュージーランド、香港などだが、市場規模が小さく開発機会も少ない。しかし、小さいマーケットでも都市化が現在進行している国や地域ではプロジェクトのチャンスは多い。

都市間のパートナーシップの築き方

自治体と自治体が文化交流や親善を目的として提携する「姉妹都市」の制度があるが、姉妹都市間の有効な経済開発協力はまったく行われていない。PDCでは、WBGCの一環として、都市間の（つまりは行政間の）貿易パートナーシップを提携する仕事も進めている。企業間の貿易契約と違い、自治体同士の関係づくりは敷居が低い。

ターゲットとなる自治体と関係が築けたら、その街の都市開発計画と財政計画について学ぶ。都市開発は国により鍵となるプレイヤーが異なるので、きちんと把握する必要がある。また、都市開発やそれに関わる企業や製品などをセットで売り込む場合、買う側は1社では賄えない。都市と都市が貿易パートナーシップを結ぶことで、まちづくりの技術の売買がうまくいけば、次は地場の製品の取引など、継続的にいろいろな貿易を展開できる。

進行状況はかなりばらつきがあるが、現在このような都市間（または政府間）パートナーシップがいくつか動きはじめている。

ブラジルのジャラグア・ド・スル市とは、新規開発地域でのイノベーション・キャンパスのマスタープランのデザインにポートランドのアーバンデザインチームを雇ってもらえるか可能性を追求している。

南米一の環境都市といわれるコロンビアのメディジン市とは、お互いの環境開発プロジェクトのベストプラクティス（最良事例）の交換の話が出ている。具体的には、メディジン市のあるデベロッパーはポートランドのブルワリー・ブロックのようなエコロジカルな地区開発を考えており、ポートランドのアーバンデザインや設備設計会社などの力を借りたいとのことだ。

ほかにも、中国の昆明市とは数十ヘクタールのエコディストリクトの開発案件が進行している。

ミズベリング・インスパイア・フォーラムでのデザイン・ワークショップ

僕が担当している日本では、国土交通省河川環境課と協業して「ミズベリング」というプロジェクトを支援している。これは河川敷の使用や開発規制の緩和を通して水辺をもっとエキサイティングな場所にしていこうという取り組みだ。2015年1月に「ミズベリング・インスパイア・フォーラム、ポートランド・イノベーション・トークス」というイベントが東京で開催され、ポートランドからZGFのチャールズ・ケリーほか複数の専門家が参加し、350人以上の聴衆がポートランド流デザイン・ワークショップを体験した。

他方、企業体やシンクタンクとのパートナーシップも進めている。日本では26社が連携するスマートシティプロジェクトと組み（詳しくは後述）、中国ではPaulson Institute社とのコラボレーションで環境開発機会の発掘に努めている。

3 日本にグリーンシティをつくる

最初のプロジェクトは日本

PDCではこのOESCの評価基準を使い、多くの市場を検討した結果、最後まで残った国の一つが日本であった。2013年当時、日本は東日本大震災後の復興や2020年の東京オリンピックを控え、開発機会が豊富だった。世界銀行のビジネス環境ランキングは27位（2015年現在、29位）。市場規模はアメリカと中国に次いで世界で三番目に大きい。コネクションを見ても、日本には2008年からオレゴン州政府駐日代表部（東京都）もあるし、オレゴン日米協会は日本とオレゴン州の文化とビジネス交流の橋渡し役として100年以上の歴史がある。そして、日本語を話せる僕のようなスタッフがいる。

もちろん、個人的にも震災後の元気のない日本がすごく気がかりで、何とかしてポートランドの住民主導のまちづくりを日本に伝える術はないかと考えていた。さらに、この頃ちょうど日本では経済産業省が主導していくつかのスマートシティ構想が立ち上がり、盛り上がってきていた。横浜市、豊田市、けいはんな地域（京都、大阪、奈良の三府県にまたがる関西文化学術研究都市）、北九州市の4地域では日本を代表するテクノロジー企業がこぞって自治体と協力し、いろいろなスマートテクノロジーの実証実験を開始していた。

ポートランドの開発手法を紹介するタイミングとしては文句なしであった。スマートシティは新技術を主体にした計画なので、人間主体のポートランドの都市計画とはまったく違うアプローチである。もし日本のスマートシティにポートランドの街の賑わいを重視した合意形成やオープンスペースのデザインを取り入れたら、きっとよい街ができるに違いない。

1年おきに実施されるオレゴン州知事のアジア視察ツアーが2012年10月に組まれ、僕はPDCを代表し、日本に出張することになった。PDCに転職して初の日本出張。いよいよ「We Build Green Cities」の取り組みを実際に国外で試すチャンスが訪れた。

しかし、日本にポートランドのまちづくりの手法を伝えるといっても、どこから手をつけてよいのだろう。ターゲットはやはり、経産省、スマートシティの実証実験をしている自治体、それに関わっているデベロッパーといったところであろう。しかし、過去18年間アメリカで生きてきた僕には日本で都市計画に携わった経験がなくコネクションもない。

そんなある日、同僚から1冊の本をもらった。『GREEN Neighborhood グリーンネイバーフッド』というタイトルの日本で出版された本だ。その場でざっと目を通すと、ポートランドのアーバンコミュニティについての解説、クリエイティブな企業やパール地区を開発したデベロッパーのインタビューなどから構成されていて、とても読みやすい。ポートランドに越してきてまだ数カ月の僕には今まで見たどのガイドブックよりも新鮮で、しかもポートランドの環境先進都市のあり方がコンパクトに上手くまとめられていた。

吹田良平氏の著書『GREEN Neighborhood』

僕は早速著者の吹田良平氏に連絡をとり、次の出張の際に会う約束を取りつけた。吹田氏は商業施設のプランナーで、2008年にポートランドを偶然視察し、その魅力をいちはやく日本に伝えた人物だ。

吹田氏とのミーティングで、「We Build Green Cities」の取り組みについて説明し、日本での展開を相談した。吹田氏は、僕が次に日本に出張する半年後にイベントをやろうと提案してくれた。イベントの内容や参加者についてお互いにアイデアを出しあい、僕らはすっかり意気投合した。

その後、吹田氏が紹介してくれた、再生可能エネルギーのコンサルティングやスマートシティのプロデュースを担う会社ステップチェンジの代表・奥澤晋氏と面会し、そして奥澤氏に紹介してもらった横浜市温暖化対策統括本部・環境未来都市推進担当理事（当時）の信時正人氏にもアドバイスを求めた。

こうして最初の日本出張は、思いがけずさまざまな人たちとの出会いに恵まれ、半年後のイベント開催という目標もでき、頭のなかでもやもやと停滞していた迷いをさっぱりと晴らしてくれた貴重な機会となった。

ポートランドに戻るとすぐに、翌年4月のイベントの準備を始めた。吹田氏と毎週のようにスカイプや電話で打ち合わせをし、企画書を書き上げ、予算をとる。WBGCのホームページなどで参加企業を募集し、この取り組みの創立メンバー企業にも打診したが、まったく反応がなかった。そこで地元の優良企業を都市開発部の同僚から聞き出し、各社に直接電話をかけWBGCの取り組み、日本出張で学んだこと、4月のイベントの企画を説明した。

結局30社以上に連絡をとったが、交渉は難航した。特に骨を折ったのが、建築会社への打診であった。もちろんポートランドには数多くの建築会社があり、そのなかでも海外経験もあり財政的にも余力のありそうなところに集中的に連絡をとったのだが、ある会社には国内の業務が忙しいと断られ、ある会社には中国のプロジェクトで契約通りの報酬が得られなかったので、海外プロジェクトからはしばらく手を引きたいと断られた。そうこうしているうちに年が明けてしまった。上司からは、1月末までに4社揃わなかったら4月の出張を中止にすると言われた。

そんなプレッシャーを感じながら、地元の日系旅行会社に勤める知人、谷田部勝氏に相談した。彼はポートランド在住30年以上と人脈もあり、すぐにZGFの渡辺義之氏への打診を勧められた。

実はその2カ月ほど前にZGFの取締役からよい返事をもらっていなかったので、あまり期待していなかったが、ZGFで活躍している日本人建築家にWBGCについて話せるよい機会だと思い、アポをとってもらった。

翌週、渡辺氏と会ったときには約束の1月末まで残すところあと数日に迫っていた。渡辺氏は東京で大手金融会社に勤めた後、建築家になる夢を叶えるため一念発起してマサチューセッツ工科大の大学院で建築を学び、卒業後ボストンの建築事務所を経て、ポートランドの都市開発に60年以上関わってきたZGFに2006年に入社したというとてもユニークな経歴の持ち主だ。インディゴ@12ウェスト（ZGF本社のある複合ビル、2章参照）やポートランド港湾局本部ビル（後述）などLEEDプラチナ承認の建物のデザインを手掛け、アメリカ建築家協会賞を多数受賞している。話をしてみると、彼もWBGCの取り組みに興味を持ってくれて、ZGFのアーバンデザイナーや共同経営者に打診してくれると言ってくれた。結局、渡辺氏の協力でZGFの参加が決まった。

こうしてようやく揃ったのが以下の4社である。

①ＧＬＵＭＡＣ（アメリカ西海岸に8カ所と上海に事務所を抱える環境エンジニアリング企業。ＬＥＥＤやネット・ゼロ・エネルギーなど省エネコンサルティングを世界中で手掛けている）

②CH2M HILL（世界最大規模の環境・生産設備・インフラエンジニアリング会社。１９４６年にオレゴンで設立）

③Murase Associates（日系3世のロバート村瀬が創立したランドスケープデザイン会社。都市のなかで自然環境をつくり、雨水の再利用などを仕掛ける。日本でもプロジェクト経験がある）

④ZGF Architects（アメリカ建築家協会の優良企業ランキングでトップ5に入る環境建築業界のリーダー企業。エコディストリクトの先駆者で、ポートランドをはじめワシントンＤＣや中国でも環境都市づくりを手掛ける）

いよいよ2月に入り、参加企業の担当者たちが一堂に会し、4月のイベントに向けてのミーティングを開始した。各社で一番誇りに思っているプロジェクトを挙げてもらうと、複数の企業でオーバーラップしているプロジェクトが出てきた。詳しく聞いてみると、ＺＧＦ、ＧＬＵＭＡＣ、ムラセの3社がパール地区の再開発プロジェクトに携わっており、CH2M HILL がパール地区を通るストリートカーのインフラの拡張工事をしたという。おまけに、以前ＺＧＦで働いていた建築家が今はＧＬＵＭＡＣでプロジェクトエンジニアとして働いているなど、この4社はポートランドのチーム・アプローチを伝えるのにぴったりだという結論に至った。

そして、彼らと実際に何をアピールポイントにするのか話しあった。

僕は過去にジャクソン市（ミシシッピ州）の建設エンジニアリング会社で営業をしていたので、その頃の経験から彼らに伝えた。今回日本に行ってもすぐにプロジェクトが成立するとは思わない方がいいこと。最低でも1年はかかるであろうこと。今回の出張は日本市場に入っていくための第一歩だと思って、長い目で見ながら参加してほしいと伝えた。

僕らはプレゼンテーション資料の翻訳やイベントの準備に追われ、あっという間に4月になり、日本へ出発する日がきた。出張の前半は、主に吹田氏や奥澤氏から紹介してもらった大手デベロッパー8社と面談し、横浜と柏の葉のスマートシティのツアーをして、関係自治体や企業と面談しプレゼンテーションを行った。

これがWBGCチームの日本で初めてのプレゼンであった。最初の頃はややまとまりに欠けたが、回を重ねるごとに改善され、3日目にはスムーズなプレゼンテーションができあがった。

そしていよいよ半年間準備していたイベント「グリーン・アーバン・イノベーション」の開催当日になった。

午前は、自治体向けの「スプロールよりネイバーフッド」（講演者：トム・ヒューズ／オレゴン州メトロ政府プレジデント、山崎満広／ポートランド市開発局ビジネス・産業開発マネージャー）、都市計画家向けの「エコディストリクトという代替案」（講演者：チャールズ・ケリー／ZGFアソシエートパートナー、ディック・シーヒー／CH2M HILL アドヴァンスプランニング・用地選定ディレクター）、そして環境エンジニア向けの

We Build Green Cities の初のイベント「グリーン・アーバン・イノベーション」

「LEED認証の先にあるもの」（講演者：カーク・デイビス／GLUMAC代表取締役、スコット・村瀬／ムラセ主任デザイナー）という三つの同時セッションを実施した。各セッションに20〜40人が参加して各分野のポートランドの専門家とのディスカッションができるという設定にした。

午後は、三菱地所の都市計画事業室副室長である井上成氏にモデレータを務めてもらい、ポートランドからの参加者全員によるパネルディスカッションを行った。午前中のセッションからおおむね会場の8割は埋まっていたが、午後には満席になり、ポートランドの環境開発の手法から市民の環境意識、グルメブームと環境政策の関係など、興味深いディスカッションが繰り広げられた。

ポートランドに帰国すると、日本で会ったデベロッパーや自治体の担当者からメールがひっきりなしに届いた。時差ぼけのせいか、日本出張中に起きた出来事が夢のように感じられたが、これらのメールが「グリーン・アーバン・イノベーション」の成功を実感させてくれた。

柏の葉スマートシティ・プロジェクト

半年後の2013年10月、次の日本出張の機会が訪れた。4月の「グリーン・アーバン・イノベーション」に参加してくれたスマートシティ企画という会社がまとめている、スマートシティプロジェクトというコンソーシアムとの面談があった。このコンソーシアムは26社が集まって結成されたジョイントベンチャーで、メンバーのなかには三井不動産、日立製作所、セブン&アイ・ホールディングス、積水ハウス、日建設計や東芝、シャープなど日本を代表する大手企業、そして日本ヒューレット・パッカードやLGなどグローバル企業の日本子会社も参加している。

各社が得意としているスキルを持ち寄り、次世代都市（スマートシティ）の普及と実現を目標としているこのグループの代表的なプロジェクトとして「柏の葉スマートシティ」がある。

柏の葉スマートシティは、三井不動産が開発を手掛けた最先端の技術による環境配慮型のまちづくりプロジェクトだ。柏の葉は都心から北東に25キロ離れた千葉県柏市の北西部にあり、つくばエクスプレスの開通により秋葉原と約30分で結ばれ、多くの住民が都心へ通勤するベッドタウンだ。

柏の葉キャンパス駅周辺に広がる12万7千平方メートルの敷地で、「環境共生」「健康長寿」「新産業創造」の実現を目指し、ショッピングモールや高層マンションといった大規模開発が進められている。

柏の葉エリアでは、柏市の都市計画に基づき、2000年より273ヘクタールの区画整理事業が開始され、2006年には日本初の公・民・学共同のまちづくり拠点「柏の葉アーバンデザインセンター（UDCK）」が設立された。その後2008年に千葉県・柏市・東京大学・千葉大学による「柏の葉国際キャンパスタウン構想」を発表。この構想は、環境、健康、創造、交流の街を基本コンセプトとし、その四者がスマートシティプロジェクト参加メンバーを含む多くの企業や市民団体、NPOなどとともにこの構想の具体化を進めている。

柏の葉は日本を代表するスマートシティ構想の一つだが、現地を訪れると、さまざまな課題を感じた。

まず、柏の葉キャンパス駅で電車を降りてすぐに目につくもの、つまり柏の葉の第一印象が大きな赤と黄色の看板が目立つファストフード店であったこと。それから駅に隣接して建つショッピングモールの規模が、（まだ街の開発が中途とはいえ）街の規模に対して大きすぎるために、地場の小売店、飲食店などが参入しづらくなっていること。そして、このショッピングモールのつくりがすべて内向きになっているため、来店客が街に出る機会がほとんどなく、僕たちが視察していたお昼の時間

柏の葉スマートシティ、ゲートスクエア

柏の葉スマートシティ

	〈現在〉	〈2030 年完成時〉
人口	5,000 人	26,000 人
就業人口	1,000 人	15,000 人
年間訪問者数	700 万人	1,000 万人

協働企業
ZGF Architects, GLUMAC, Murase Associates, PDC

帯でさえ柏の葉の駅前は賑わいが乏しい印象を受けた。

この話を三井不動産とスマートシティ企画にすると、彼らも同じ課題に気づいてはいたが、複雑な利害関係やルールがその解決を妨げていた。そこで、駅前からさらに北へ街を拡張する計画があり、その開発の進行をポートランドチームに相談したいと言われた。そして、まずはポートランドを自分たちの目で見て、どうして街が賑わい、多くの移住者を引きつけているのかを学ぶために視察することになった。

その2週間後、三井不動産とスマートシティ企画のスタッフのツアーを組んだ。メンバーを空港ターミナルで出迎え、まずは空港のすぐ隣にあるポートランド港湾局の本部ビルで長旅の疲れを癒してもらった。空港の滑走路の向こうにコロンビア川とワシントン州の対岸を見下ろすこの建物は、ZGFが建物、GLUMACが電気・機械設備や水回り、ムラセが屋上庭園などをデザインしたLEEDプラチナレベルの承認を受けた建物で、アメリカ建築家協会から環境デザイン賞を受賞している。

ダウンタウンに出発する前にこの建物のツアーをして、各社が担当領域の説明をしてくれた。港湾局のオフィスの真ん中は大きな吹き抜けのアトリウムになっていて、そこに木でできた階段状のベンチがあり、局内のスタッフ全員が集まりイベントや会議ができるようになっている。天窓からアトリウム全体に自然光が入るようなしくみで、点在するミーティング用のテーブルやラウンジがスタッフ同士の交流を促す。屋上のベランダには色とりどりの地元の植物を集めたエコルーフが施され、そこに落ちる雨水はすべてトイレや植物への給水用水として再利用される。すべての汚水は地下にあるビオトープにより浄化され再利用されるので、この建物から下水道への排水は必要最低限となり、下水料金を抑えられている。空調は省エネを図るために温水と冷水を使った輻射パネルが主に用いられており、照明も太陽の位置や日光の強さなどをセンサーで感知し、天井からの光度を調節、スタッフのデスクの照明は各自でコントロールができるワイヤレスのリモコンがついている。

続いて、ZGFの本社でポートランドチームのメンバー全員と2週間ぶりの再会を果たした。簡単にランチを済ませ、パール地区のツアーへ。ZGFの渡辺氏がブルワリー・ブロックの歴史や開発の概要を説明し、GLUMACのカーク・デイビスが地区スケールの設計や、100年以上前に建てられたビール工場の廃墟を再開発する際、何を残し、何を建て替えるか、その選択に苦労したエピソードを話した。そして5街区全体で空調と給湯用の温水と冷水を共有するための装置を1カ所に設けることにより高レベルの省エネを達成していることなどを説明した。PDCや市の役割については、TIFの資金を利用してストリートカーや停留所、古い建物の再開発などが行われていることや、市とデベロッパーがパートナーシップを組み、5街区の地下に駐車場を設けて効率的に公共駐車スペースを確保していることなどを僕から説明した。

2012年にアメリカ建築家協会環境デザイン賞を受賞し、LEEDプラチナ承認を受けたポートランド港湾局の本部ビル（上）、中央のアトリウム（下）

ツアーの後、ZGFの会議室に戻ると、柏の葉チームの担当者が開発地域の地図や図面を広げ、プロジェクトの説明を始めた。ポートランドチームから質問が飛び交う。柏の葉チームからまず出された議題は、8カ月後に控えた柏の葉駅前のゲートスクエアの街開きに合わせて、短期的にできる手直しがあるかどうかについて。ZGFのチャールズ・ケリーが早速トレーシングペーパーを図面の上に広げ、軸となる動線を描き、人々の動きや交通の往来の方向を確認し、どうやってこの地区に入ってくるのがベストかを開発チームに尋ねた。重要なポイントは、まず柏の葉キャンパスがどのように近隣地区とつながっているかを把握すること。そして歩道空間や通りのデザインに連続性を持たせ、賑わいのある歩いて楽しい地区を演出することである。

こうして自然にデザイン・ワークショップが始まり、多くのアイデアが飛び交う。両チームがディスカッションし、ポートランドチームが採用できるアイデアを拾い上げ、絵に落としていく。あっという間に1時間が経ち、よいアイデアがびっしり詰まった絵が何枚も仕上がり、生き生きと賑わいのあるゲートスクエアのビジョンが各メンバーの頭のなかで共有されていった。さらに、柏の葉の拡張工事の絵を数枚描き上げ、契約するにあたって何を準備するか、いつ始められるか、いくら費用がかかるのかなどを話しあった。

柏の葉のゲートスクエアの手直しと北へ伸びる拡張地域をポートランドらしくマスタープラン化するプロジェクトがこの日、事実上始まった。思えば、6カ月前に日本で初めてポートランドのまちづくりを紹介するイベントを開催したのが、ずいぶん前のことのように感じられた。この柏の葉のプロジェクトは改善のチャンスは多いものの、抱えている問題も深刻だというのが、そのときのポートランドチームのコンセンサスであった。

その年の年末年始にかけて、メールや電話でのやりとり、テレビ会議が頻繁に行われ、公共空間のデザインの改善、北部拡張エリアのコンセプトとマスタープランの作成に関する契約が、元請となるZGFと三井不動産との間で交わされた。契約書は英語と日本語の両方が準備された。もちろん会議やメモ、日程表など多くのコミュニケーションはバイリンガルでなくてはならないため、ZGFの渡辺氏と僕は日々翻訳にも精を出した。

年明け早々には日本へ出張し、三井不動産の柏の葉チームと打ち合わせをし、市民を含めたステークホルダー向けのワークショップを行った。前述の通り、ポートランドではどこかのネイバーフッドで何か新しい開発や変化を起こすときはこのようなワークショップを開くことが市の条例で決められているので、ポートランド市民にとっては日常的な出来事だ。

しかし、日本で行ったワークショップは随分勝手が違った。まず、日本人は一般的なアメリカ人に比べてかなりシャイで、人前で話すことを恥ずかしがる人が多い。また、ワークショップには県や市の職員、近隣の自治体や商工会議所、大学の教授や学生、デベロッパーの社員などいろいろな人が集まるため、各自が自分の立場を気にして萎縮してしまい、あまり活発なディスカッションが起こらない。これでは、クリエイティブなアイデアなどなかなか出てこない。

そこでアーバンプランナー歴30年のZGFのチャールズが、参加者に普段の自分とはなるべくかけ離れた役割を与えて、ロールプレイをさせてはどうかという奇策を思いついた。これは参加者の精神的な壁を取り払うのに有効な方法だ。他人の立場でものを考えることは、包括的なコミュニティづくりには欠かせない要素である。

チャールズが以前使ったロールプレイ・カードをもとに、日本に適した役割をつくりだす。たとえば、高齢化が進む日本ではお年寄りにやさしいまちづくりが欠かせないので、若い参加者にはなるべくお年寄りの立場に立って考えてもらった。また、柏の葉の開発は企業誘致を目標の一つにしているので、何人かの市民に社長や市の産業振興課の役割を担ってもらい、どうすれば他地域や海外から企業を呼び込めるかを検討してもらった。こうして各自が自分に与えられた役の立場で柏の葉には何が足りないか、どのようなアメニティや施設が必要か、そしてどのような街にしたいかを考えてもらうことで、最初の頃は口数の少なかった人も徐々に意見を言ってくれるようになった。

その後、UDCKの会場に集まったワークショップの参加者20数名を二つのテーブルに分け、各テーブルでディスカッションのお題を決める。一つのテーブルではオープンスペースとインフラについて。もう一つでは、どのような施設、サービスの開発が必要かについて意見を出してもらった。その場で出た意見をZGFのチャールズやジェローム・アンターライナーが確認しながら開発地区

デザイン・ワークショップで使用するチェックリスト

左の①〜④に、右のCで始まる四つの要素はあるか？
その要素をどうすれば改善できるか？

①土地利用	・Continuity ＝ 連続性
②交通	・Connectivity ＝ 連結性
③インフラ	・Character ＝ 特徴
④環境	・Community ＝ コミュニティ

の地図の上に敷いたトレーシングペーパーに描き、細かい内容をメモ書きする。

たとえば、「この地域には公民館やコミュニティセンターのような地域の人々が無料で使えるような施設がない」という意見が小さな子供のいる母親役から出されると、チャールズが「それはどこにあるべきですか？　駅前？　それとも住宅地の近く？」「なぜコミュニティセンターが欲しい？　その施設では何をするの？」などと質問し、なるべく具体的に答えてもらう。そのほかにも、「子供たちが安全に遊べる公園」「安全に自転車に乗ったり、ジョギングができる遊歩道」「ニートやフリーターが気軽に入れる安価なカフェやラウンジがある本屋」「サラリーマンが帰り道に気軽に寄れる居酒屋」など多くの意見が出された。一通り意見が出揃うと、10枚以上にも及ぶ絵をホワイトボードに貼り付け、それを全員の前で発表し、再度確認をする。

ポートランドに戻ると、持ち帰った絵をスキャンしてデジタル化したものに色をつけたり、3次元のスケッチに描き直す。これをわずか数日で行い、メモに取った細かい内容をまとめていった。

1月下旬には、26社からなるスマートシティプロジェクトとWBGCチームとの間で協力提携が結ばれたタイミングに合わせて、三井不動産やスマートシティプロジェクトの代表者ら数名がポートランドを訪れ、調印式を行った。

WBGCのチーム構成はZGF（設計）、GLUMAC（エンジニアリング）、ムラセ（ランドスケープデザイン）、そしてポートランド市開発局（PDC）だ。三井不動産や地元の代表者たちとともに地域主導のマスタープランを作成し、ポートランドのエコディストリクトのフレームワークを応用しつつ、この地域の未来をともに築く住人や地元企業を招いてディスカッションを重ね、多岐にわたる開発のゴールを策定していく。

その翌週、ポートランドチームは再度柏の葉へ。前年10月に行ったものと同様のワークショップを再度行い、前回描いた絵に詳細を描き込んでゆく。1回目のワークショップの頃はだいぶ粗削りだった絵が、段々と仕上がっていき、街の建物や道路空間のイメージがしっかりと形になってきた。街角のスケッチと一緒にポートランドやほかの街角の写真を並べることで、イメージがわきやすくなった。前年のワークショップでは引っ込み思案だった参加者も、今回のワークショップではたくさん意見を出してくれた。

上／柏の葉でのコミュニティ・ワークショップの様子。住民から出た意見やアイデアをすぐに地図上に描き、コンセプト草案をつくりあげる。手前右が ZGF のチャールズ・ケリー氏
中／こちらのグループでは土地利用と地区ごとの連結性について話しあわれた。写真中央右が ZGF の渡辺義之氏、中央左がジェローム・アンターライナー氏
下／柏の葉でワークショップの途中経過をまとめて発表する。多くの意見を取り込んだ絵を使い、全体のデザインの方向性の合意を得る。写真奥が筆者

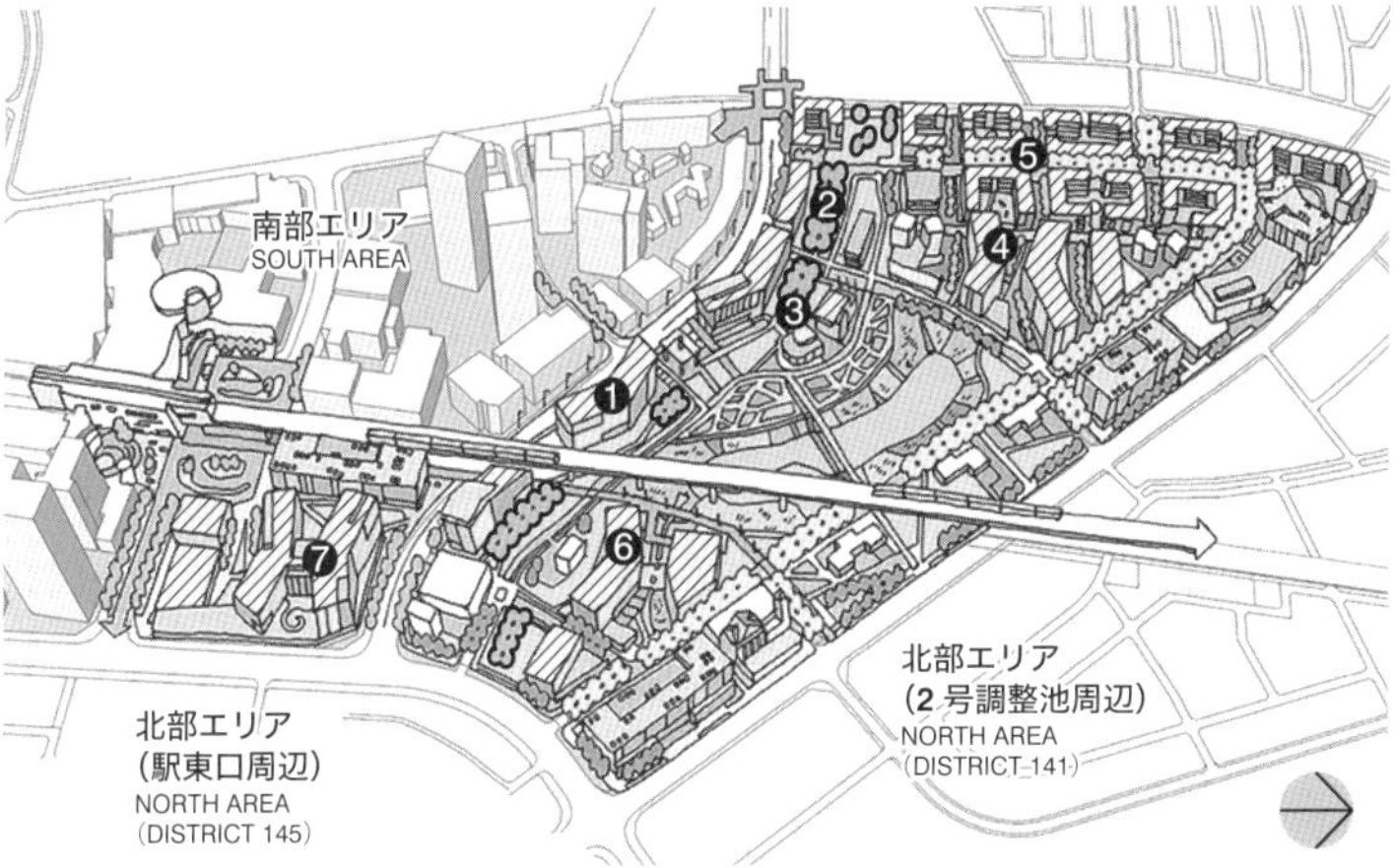

①調整池南側のオフィスエリア （路面部分は商業施設）
②北部新開発地区の東西を結ぶ長い公園 （太枠の木々が並ぶエリア）
③北側に調整池を望むコミュニティセンター
④調整池西側のオフィスエリア （路面部分は商業施設）
⑤住居エリア （路面部分は商業施設。斜線屋根の建物）
⑥調整池東側のオフィスエリア （路面部分は商業施設）
⑦駅東口に広がる研究開発エリア （路面部分は商業施設）

柏の葉スマートシティ北部エリアのコンセプト・マスタープラン

3月末にこれらのワークショップの内容をまとめあげた「コンセプト・マスタープラン（基本構想）」のレポートを仕上げ、三井不動産に提出した。全員の意見を取り入れ完成したレポートは、多くの利害関係者のコンセンサスが生まれた証であり、事実上、柏の葉のビジョンとなる。

ワークショップ終了後、参加してくださった人々から、「このような体験は初めてだったけれど楽しかった」「この絵の通りの街ができたら、この街は本当によくなる」などの感想をいただいた。もちろん、なかにはまだこの開発コンセプトは絵に描いた餅だと思っていた人もいたと思うが、このような向上心のある計画なしには柏の葉のような既存のベッドタウンの開発は難しいと思う。

三井不動産の社内でこの「コンセプト・マスタープラン」が検討され、8月に入ってからマスタープラン（基本計画）策定のプロジェクトの相談が入った。内容としては、コンセプト・マスタープランをもとに開発のガイドラインをつくりあげ、街路や公共空間の具体的な設計の指針を決めていく作業だ。ここからは、ポートランドチームと日建設計の協業になる。2014年9月に開始したこのプロジェクトは現在進行形で、昨年の出張ではUDCKの戦略部会でマスタープランの中間報告と官民へのプレゼンをしてきたばかりである。大きな目標は、コンセプト・マスタープランを最大限に活かしたデザイン・ガイドラインと基本設計をつくりあげ、活気のある街に育てていくことだ。

行政がアグレッシブに営業する時代

ＷＢＧＣの戦略の成功により、最近ではアメリカのメディアやほかの都市からも成功の要因を取材されることが増えた。

ポートランドでは、ほかの都市がやらないようなアグレッシブな営業を行政が主体でやっている。ポートランドの成功によって、地元の建築家や都市計画事務所は自分たちの街のブランド価値を把握し、ほかのアメリカの街でプロジェクトをやるときも「ポートランド」を積極的にアピールするようになった。つまりは、ポートランド・ブランドが地元の各企業やプレイヤーの誇りとなりつつあるのだ。

ただ、国内の市場で仕事はやりやすくなっているが、やはり海外（特に日本）でプロジェクトを行うときはＰＤＣの支援が必要だと言われる。実際に行政がチームを引っ張ってプロジェクトを進めると、企業のトップなど決裁権を持つ人物にすぐに辿り着け、事業遂行のスピードが上がるメリットがある。他方、ＺＧＦのようにすでに渡辺氏のようなスタッフを抱えている企業は、一度日本の市場で成功を収めれば勢いに乗ってほかのプロジェクトを獲得している。

２０１２年３月にＰＤＣに入局してすぐにＷＢＧＣを任された当初は、ポートランドの環境開発のブランディングだけでは地元企業の輸出にはつながらないだろうと思った。しかし、ＰＤＣが各企業とパートナーシップを組み、ポートランドを40年かけて再生してきた経験とスキルを発信して、契約まで漕ぎ着けるように営業支援すれば、輸出の増加につながるかもしれない。それが僕の狙いだったが、主に不動産開発や財政部門出身でそのような経験のないPDCの上層部にはなかなか理解してもらえなかった。ポートランド出身でもない新米のマネージャーがいきなり日本に売り込みに行こうとしても、誰もすぐには信頼してくれないのは当然だろう。ただ、公共交通網を発達させたコンパクトシティや環境先進都市の例として、ちょうど日本でポートランドが有名になりつつあるというタイミングであったことや、長年にわたるトラベル・ポートランド（ポートランド観光協会）やオレゴン州政府、そしてヨシダグループ会長の吉田潤喜氏らの日本での宣伝やファッションメディアの波に乗ることができた。また、東日本大震災以降、日本人の価値観やライフスタイルへの考え方にも少しずつ変化が起きている時期でもあった。

２０１５年夏からは、和歌山県有田川町のプロジェクトにも関わりはじめた。発端はその年の春、以前から日本出張の度に顔を合わせ、ポートランドにも何度も足を運んでくれていた有井安仁氏にＷＢＧＣを通して今後どのように日本のまちづくりをサポートできるかを相談したことだ。彼は社会的投資を地域のためにデザインする会社 PLUS SOCIAL の取締役で、自身が地方創生政策アドバイザーを務める有田川町について話をしてくれた。彼は以前、この町でプロデューサーとして「ねこにみかん」という映画づくりに携わり、町の人々の団結力と町への思いに感銘を受けたという。

有田川でのワークショップ

有井氏は早速、有田川町の地方創生の中核である「変人会」（変革を起こす人々の会）と話をまとめてくれ、7月にはPDCの同僚と共に有田川へ足を運び、レクチャーやワークショップを通して町の現状を学んだ。

現在、町の人口は2万7千人、2040年までに約3割減少すると予想されている。この問題の根底にあるのは、若者、特に20〜30代の女性の都市部への流出だ。それを食い止めるために、彼女たちが暮らしやすい街をどのようにつくるかが課題であった。

10月にはポートランドからPLACE STUDIOとPropel Studioのデザインチームを連れ、閉園を控えた保育園や鉄道を再利用した遊歩道などの資源活用のためのワークショップを行った。若い女性が暮らしやすい場のデザインや演出についてディスカッションを重ね、町の長期ビジョンとコンセプトづくりをサポートさせてもらった。

有田川ではその後、変人会や新たに編成された「女子会」を中心に多くの取り組みが始動し、将来のリーダーとなる若者を中心に現状を突破する勢いが感じられるようになった。

都市への人口集中や高齢化、地方都市の人口減少といった日本の現状は近い将来、必ず日本以外の国々でも大きな課題になる。これからWBGCを海外に展開するにあたり、課題先進国・日本で実践する意味はとても大きい。日本のまちづくりが世界のベストプラクティスになるよう、これからもポートランドの精鋭チームとお手伝いしていけたらと思う。

おわりに

２０１２年４月、僕が初めて参加したＰＤＣの全体会議で局長のパトリック・クイントン（Patrick Quinton）が言った二つのことを今でもよく憶えている。

"It's a privilege to be able to live in Portland."（ポートランドで暮らせるということは特権である）

"And, whether you realize or not, the role each of us plays for the future of this city is quite significant."（自ら気づいているかいないかは別として、我々１人１人がこの街の未来のためにかなり重要な役割を担っている）

おぼつかない英会話と現金数万円を携え渡米して以来、あっという間の20年だった。茨城県水戸市で幼少期を過ごし、母は昼と夜の仕事を掛け持ちして兄と僕を育ててくれた。勉強嫌いの運動馬鹿だった僕は、若さと勢いで渡米したものの、その後の進路は決まっておらず、貯金もすぐに底をつき、１カ月先が不安な超貧乏生活をかなり長い間続けた。

猛勉強の末、渡米6カ月後に何とか南ミシシッピ大学へ入学したものの、大学の勉強と学費を稼ぐためのアルバイトとで週に5日は徹夜の生活を卒業まで続けた。

大学3年生の時、マヤ文明の故郷、メキシコのユカタン大学で交換留学生として学ぶ機会を得た。ユカタン半島のジャングルで生活するマヤ人（もちろん今はメキシコ人だが）の村に２週間ステイさせてもらい、電気も水道もない生活をして、いかに今まで自分が甘やかされて育ってきたかに気づかされた。また、経済開発や都市の発展について真剣に考えはじめたのも、このときであった。

大学院を出てミシシッピ州に本社を置く建設会社に就職したが、外国人の僕はビザの申請などで他の社員よりも会社に負担をかけている分、人一倍成果を上げようと必死で働いた。働きはじめた最初の頃は今でも色濃く残るアメリカ南部特有の人種差別も数え切れないほど経験した。

そして今、僕はアメリカで一番好きな街で、世界で一番好きな家族（妻と子供2人）と毎日楽しく暮らしている。しかも、この街の未来を形づくる組織の一員としてやりがいのある仕事をしながら。これからもポートランドと日本をつないで、お互いの街の未来を明るくするようなプロジェクトのお手伝いをしていければと願う。

最後に、この本を執筆するにあたってコンセプトづくりや構成などで大変お世話になった365Portland.com の百木俊乃さんとTIDEPOOL の大河内忍さんをはじめ、インタビューの文字起こし、写真撮影や資料提供などで多くの方々に力を貸していただいたことに感謝いたします。そして、２０１４年4月にこの本を書くきっかけをくださり、この2年間、執筆が遅れに遅れた僕を励まし続け、一冊に編集してくださった学芸出版社の宮本裕美さんに心よりお礼を申し上げます。

２０１６年4月

山崎満広

編集協力

百木俊乃（365Portland.com）、大河内忍（TIDEPOOL）

撮影

島崎征弘：p.1、11、16（上）、17（下）、19、21、23、27、28、29、30、31、35、37、45、47、54、55、59、71、75、91、109、137、145（下）、146（下）、148（下）、150、165、182（上）、183、195

図版クレジット

Travel Portland：p.13（上）、43、63（下）、103
PLACE STUDIO：p.16（下）、114
大坪侑史：p.17（上）
Regional Plan Association：p.24
Jamie Francis and Travel Portland：p.26、39（下）、82、182（下）
Portland Development Commission：p.32、42、139（下）、142、157、164（左）、170、173、174、175、176、184（中、下）、186、188、202
Torsten Kjellstrand and Travel Portland：p.39（上）
ZGF Architects, LLP：p.46、51、65、73、78、97（上）、98（下）、99、224、228、231
Portland Bureau of Planning and Sustainability：p.53、84、107、116、118
Steve Morgan：p.63（上）、101
大河内忍：p.68（上）
U.S. Census Bureau：p.77
Oregon Secretary of State：p.81
Metro：p.89
City of Portland：p.97（下）、98（上）
TriMet：p.100、179
City of Portland, Office of Neighborhood Involvement：p.121（上）
山崎満広：p.125
Oregon Historical Society：p.131、146（上）
City of Portland（OR）Archives：p.145（上）、148（上）、149（上）
Ray Terrill：p.149（下）
Downtown Portland Clean & Safe：p.159
Courtesy of ZGF Architects, LLP ©Bruce Forster-Bruce Forster Photography, Inc.：p.163
Portland Streetcar, Inc.：p.164（右）
So.Isobe / cyclowired：p.184（上）
The Brookings Institution：p.197、200
The World Bank：p.208
ミズベリング・プロジェクト：p.210
株式会社バウム：p.218（右）
吹田良平：p.218（左）
三井不動産：p.221（上）
Craig Briscoe：p.230
谷口千博：p.235（上）
東信史：p.235（下）

＊すべての図版の日本語訳は山崎満広による

山崎満広（やまざき みつひろ）

1975年生まれ。95年渡米。南ミシシッピ大学大学院修了。建設会社、コンサルタント、政府系経済開発等に従事し、2012年ポートランド市開発局に入局。国際事業開発オフィサーとして、米国内外からの企業・投資の誘致などを担当。2017年独立起業し、地域経済開発、国際事業戦略、イノベーション・コンサルタントとして日米を中心に多くのプロジェクトを手がける。Ziba Design国際戦略ディレクター、つくば市まちづくりアドバイザー、ポートランド州立大学シニアフェロー等を兼任。著書に『ポートランド 世界で一番住みたい街をつくる』『ポートランド・メイカーズ クリエイティブコミュニティのつくり方』(学芸出版社)。

ポートランド
世界で一番住みたい街をつくる

2016年 5 月25日　初版第1刷発行
2019年10月30日　初版第7刷発行

著　者………山崎満広
発行者………前田裕資
発行所………株式会社学芸出版社
京都市下京区木津屋橋通西洞院東入
電話 075－343－0811　〒600－8216
編　集………宮本裕美
装　丁………藤田康平（Barber）
印刷・製本…シナノパブリッシングプレス

ISBN 978－4－7615－2623－8